몸과 마음이 편안한 비건 밥상

채식요리사
이도경의 소울푸드

Soul Food

채식 요리사 이도경의 소울푸드
몸과 마음이 편안한 비건 밥상

초판 1쇄 인쇄 2023년 04월 10일
초판 1쇄 발행 2023년 04월 17일

지은이   이도경
펴낸이   김헌준
편 집   이숙영   디자인 전영진
펴낸곳   소금나무
　　　　주소 서울 양천구 목동로 173 우양빌딩 3층 ㈜시간팩토리
　　　　전화 02-720-9696   팩스 070-7756-2000
　　　　메일 siganfactory@naver.com
　　　　출판등록 제2019-000055호(2019.09.25.)

ISBN 979-11-968141-9-9 13590

소금나무는 ㈜시간팩토리의 출판 브랜드입니다.

EGGPLANT

CUCUMBER

CADO

몸과 마음이 편안한 비건 밥상

채식 요리사
이도경의 소울푸드

Soul Food

이도경 지음

BROCCOLI

ONION

PUMPKIN

소금나무

음식이 평화로워지면
세상이 평화로워지고,
우리도 더불어 행복해진다

●정해진 길을 따라

어린 시절엔 잘 체하고 감기에도 자주 걸리는 병약한 체질인데다 야위어 살찌는 것이 소원이었다. 그래서 나도 모르게 늘 건강을 염두에 두고 살았다. 또 평탄치 않은 방황의 시간을 보냈던 사춘기 시절엔 존재의 근원, 영혼 따위에 심취해 종교·철학·운명학 등에 뜻을 두기도 했다. 그리고는 훌륭한 스승을 만나기 위해 산으로, 도시의 빌딩숲으로 헤매며 20대를 보냈던 것 같다. 그러다 20대 후반에 명상을 만났고, 명상을 공부하며 모든 성인이 말씀하신 불살생·비폭력의 실천이 채식이라는 것을 알게 됐다. 그렇게 자연스럽게 채식요리사가 됐다.

1990년대에는 혈기 왕성한 20대의 남자가 채식요리사로 산다는 것이 쉽지는 않았다. 그러나 본래의 나는 채식이 익숙했다. 어린 시절을 농촌에서 보낸지라 밭에서 자라는 채소들과 친숙했고, 아들임에도 어머니를 도우며 어깨너머로 요리와 가까워졌고, 도시로 나온 후에는 자취 생활을 하며 할머니와 함께 장도 보고 직접 요리도 했던 경험들이 내 안에 차곡차곡 쌓여 있었다.

대학 시절, 경양식집과 카페에서 아르바이트했던 것도 도움이 됐다. 어설프지만 주방 일을 배우며 요리의 기초를 다질 수 있었다. 군대 제대 후에는 대구약령시와 한의원에서 일하며 약초 법제하는 법, 탕제법, 본초학 등을 공부하며 한의학에 관해서도 공부하기 시작했다.

돌이켜보니, 이 모든 일이 우연이 아닌 듯하다. 지금의 채식요리사로의 길로 한발씩 다가오는 예정된 코스였나 보다.

● 몸으로 배운 채식 요리

1996년, 바라던 채식요리사의 길로 들어섰지만, 앞길은 막막했다. 자격증이 있는 것도 아니었고, 지금만큼도 채식에 대한 인식이 없던 시절이었다. '채식'은 그만두고라도 '요리'라는 분야에서도 늘 갈증을 느끼던 시절이었다. 요리를 학교에서 체계적으로 배운 적이 없으므로 늘 공부하고 또 공부하며 부족함을 메우려 노력했다. 몸으로 부딪치는 것밖에는 방법을 몰랐다.

이름난 맛집과 호텔 뷔페는 빠짐없이 둘러보았다. 그곳들에서 셀 수 없이 다양한 요리의 세계를 볼 수 있었고, 그것을 채식으로 전환하는 아이디어도 찾을 수 있었다. 또 다양한 재료를 구할 수 있는 곳, 백화점 식품 코너도 단골 체험학습장이었다. 시장은 무엇보다 계절 감각을 익히기에 좋았다. 제철 재료가 무엇인지 한눈에 알 수 있었고, 우리가 활용할 수 있는 재료가 얼마나 많은지, 그야말로 음식 재료의 신세계가 펼쳐져 있었다.

한 가지 안타까웠던 것은, 유명한 요리사의 맛있다고 소문난 식당에 가서 정작 음식을 입으로 먹지 못하고 눈으로만 먹고 와야 하는 것이었다. 대부분의 요즘 음식들은 육류·해물 등을 재료로 사용하는 경우가 많다. 주재료가 아니어도 국물이나 맛을 내기 위한 보조 재료로라도 꼭 한두 가지는 들어간다. 그러니 채식을 삶의 기준으로 삼은 나로서는 먹지 못할밖에.

가까운 이들은 융통성 없는 나를 나무라기도 했다. "비워야 하는 것이 수행인데, 명상을 하는 사람이 왜 그렇게 답답하게 공부를 하느냐"고 질책했다. 그러나 어쩌겠는가? 채식은 내 삶의 기둥이고 나의 직업은 채식요리연구가인 것을!

● '음식'에 대한 귀한 고민, 소울푸드

나의 채식요리는 '소울푸드'라는 이름으로 불린다. 채식이면서 보다 더 자연에 가까운, 사람을 보다 더 이롭게 하는 요리이다. 나는 음식이 우리에게 끼치는 영향이 단순히 몸에만 한정되는 것이 아니라고 생각한다. 몸뿐 아니라 마음과 영혼 그리고 우리의 삶(운명)에까지 영향을 미친다고 생각한다. 그래서 몸뿐 아니라 마음과 영혼까지 영양하는 음식, 소울푸드다.

소울푸드는 채식을 기본으로, 자연의 기운과 몸의 기운이 잘 어우러지도록 돕는 섭식법이다. 그러자면 자연의 에너지가 가장 충만한 제철 재료를 사용하는 것이 무엇보다 중요하다. 자연의 기운을 해치는 농약이나 화학비료는 당연히 피해야 할 것이다. 더불어 각 채소나 과일, 곡식에 담긴 에너지의 특성을 잘 파악해야 하고, 먹는 이에게 무엇이 도움이 될지도 잘 살펴야 한다. 그렇다고 몹시 어렵고 복잡한 공식이 있는 것은 아니다. 먹는 이가 건강하고 평화롭게 살길 바라는 마음을 담아 정성껏 요리한다면 그 음식에는 만드는 이의 정성이 담길 것이다. 또, 만든 이의 정성과 노력을 생각하며 고마운 마음으로 먹는다면 그 음식 역시 좋은 에너지를 만들 것이다. 이것이 바로 소울푸드의 시작이다. 그리고 이 책이 소개하는 음식들을 응용한다면 조금 더 발전된 소울푸드를 만들 수 있을 것이다. 이렇게 조금씩 한 발 한 발 나아가다 보면 우리 밥상이 보다 건강해지고 평화로워질 것이라 기대한다.

'소울푸드'는 다른 어느 것보다 소중한, 우리 존재를 만드는 '음식'에 대한 고민이다. 이는 혼자서 깨닫고 터득한다고 끝나는 일이 아니다. 여러 사람과 나누고 소통하는 과정이 필요하다. 그래서 만들어진 것이 '이도 경의 소울푸드 & 채식 아카데미'이다. 전체 3개월 과정인 아카데미는 요리 클래스이면서도 매번 이론 수업이 1시간씩 포함돼 있다. 요리를 잘하는 것도 중요하지만, 요리하는 사람의 생각과 마음도 중요하기 때문이다. 간혹 요청으로 대중 강연을 하기도 하는데, 이때도 이론 수업은 빠지지 않는다. 그만큼 소울푸드는 '의식적'인 음식이다.

● 평화로운 음식, 평화로운 세상

채식요리사로서 산 지 어언 25년 가까운 세월이 흘렀다. 그동안 나의 삶은 채식인으로서, 채식요리사로서 크게 어그러짐 없는 정진의 날들이었다고 감히 자부한다. 앞으로도 계속 깊어지고 넓어지는 채식요리사로 살고 싶다. 그리고 채식과 동양철학 등을 접목한 채식약선, 맞춤 식이요법 등을 보다 깊이 연구하고 싶다. 더불어 뜻이 있는 이들이 있다면 함께 공부하고 수련해 이 시대의 진정한 '식의(食醫)'로 바로 서고 싶다. 커다란 간판을 내걸고 대중에게 칭송을 받아야만 하는 것은 아니다. 가정에서부터, 내 아이와 가족부터 제대로 먹이고 제대로 양육한다면 될 것이다. 이러한 가정 하나하나가 모이면 아름다운 세상은 절로 이루어질 테니 말이다.

세상의 평화는 유엔의 테이블에서만 이루어지는 것은 아니라고 생각한다. 우리가 소홀히 하고 외면했던 밥상과 음식에 대한 지혜로운 생각에서 시작될 것이라고 믿는다.

벌레 한 마리 죽이지 못하는 사람이 어찌 다른 생명을 해할 수 있겠는가?

평화로운 마음은 비폭력의 채식 정신에서 저절로 자라나는 열매이다. 이로 인해 세상은 절로 행복해질 것이다. 그 세상에서 우리의 아이들과 가족들이 건강하게 미소 지으며 살 수 있을 것이다. 채식은 사랑의 실천이며, 가장 고귀한 삶의 선택이다. 음식이 평화로워지면 세상도 평화로워지고 우리도 더불어 행복해진다.

세상이 모두 채식하여 평화가 가득한 그 날까지.

2023년 3월

이도경

차례

머리말 ⋯⋯⋯⋯⋯⋯⋯⋯⋯⋯⋯⋯⋯⋯⋯⋯⋯⋯⋯⋯⋯⋯⋯⋯⋯⋯⋯⋯ 004

프롤로그 ⋯⋯⋯⋯⋯⋯⋯⋯⋯⋯⋯⋯⋯⋯⋯⋯⋯⋯⋯⋯⋯⋯⋯⋯⋯⋯⋯ 014

PART 1

몸을 건강하게, 채식

채식과 살랑살랑 가벼운 만남 아스파라거스밀불고기말이·밀불고기꼬치덮밥 ⋯ 018

'칼슘의 왕'을 찾아라 검은깨스파게티·시금치오믈렛 025

말랑말랑하고 온기가 꽉 찬 마음 인절미계피조림·메밀총병 031

향기 먹고, 에너지 먹고 더덕들깨국수 037

나쁜 기운은 죄 씻어내리니, 무 만두피타코 & 무말이 042

"빠이 짜이 팍치!" 쌀국수 047

생기가 돌아오는 소리 "스읍!" 모둠피클 053

모든 밥이 약이다 배추양생탕 057

왕을 위해 채식! 버섯스테이크 062

신통방통한 전골 이야기 자양강장전골 067

음식도, 맛도 골고루 똠얌수프 072

치약을 두 개 사 놓는 마음 그래놀라·통밀토스트·양상추살사샐러드 077

사브리나의 파티 음식 코리안쿠스쿠스·상그리아 084

밥 한 공기에 담긴 세상의 이치 단호박영양밥 089

경계심을 가르치는 숙주나물 아삭숙주볶음·녹두단호박수프 094

양배추 한 움큼이 만드는 행복 채식오코노미야키 100

천연 항암제, 강황 콩탄두리 105

현미밥 한 공기 앞에 두고 아몬드수프 ⋯⋯⋯⋯⋯⋯⋯ 109

말캉말캉 부드러운 혈압약 연두부냉채 ⋯⋯⋯⋯⋯⋯⋯ 114

감기 걸려 행복한 날 배약선찜 ⋯⋯⋯⋯⋯ ⋯⋯⋯⋯⋯⋯⋯ 118

모든 생명을 사랑하는 마음으로 표고홍합 ⋯⋯⋯⋯⋯⋯⋯ 122

PART 2

마음을 평화롭게, 채식

비 오는 날엔 감자 '대충'떡 감자팬케이크 ⋯⋯⋯⋯⋯⋯⋯ 128

채소와 한바탕 놀아 재끼기 그린샐러드 ⋯⋯⋯⋯⋯⋯⋯ 132

짚단 다섯 개, 배 한 자루 배복분자절임 ⋯⋯⋯⋯⋯⋯⋯ 137

비우라, 그러면 차고 넘치리니 콩비지크림수프 ⋯⋯⋯⋯⋯⋯⋯ 142

구하기 어려운 음식은 탐하지 말라 마겨자샐러드 ⋯⋯⋯⋯⋯⋯⋯ 147

음식을 귀하게 여겨야 귀하게 살게 되나니 무조림 ⋯⋯⋯⋯⋯⋯⋯ 151

지치고 쓸쓸한 마음을 위로하는 단맛 초코무스·초코퐁듀 ⋯⋯⋯⋯⋯⋯⋯ 156

몸이 원하는 감기약 생식견과류커리&과일꼬치 ⋯⋯⋯⋯⋯⋯⋯ 162

'뺄셈'의 보양식이 필요하다 콩계탕 ⋯⋯⋯⋯⋯⋯⋯ 167

미식과 과식을 끊어야 무병장수하리니 베지터블레인보우 ⋯⋯⋯⋯⋯⋯⋯ 173

최고의 디톡스 식품, 오미자 오미자화채 ⋯⋯⋯⋯⋯⋯⋯ 179

오후, 네 시의 베지터블 타임 두유마요네즈&모둠채소스틱 ⋯⋯⋯⋯⋯⋯⋯ 184

마음을 닫아버린 친구에게 주는 선물 발아현미생식경단 ⋯⋯⋯⋯⋯⋯⋯ 189

진짜 미각을 되찾으려면 양배추채소말이 ⋯⋯⋯⋯⋯⋯⋯ 194

상상의 요리를 부르는 마법 핑크레이디 ·············· 199

여자를 위로하는 음식 강황코코넛리소토 ·············· 203

채소, 과일, 곡식을 통으로 먹어야 할 이유 ·············· 208

PART 3

영혼을 맑게, 채식

접시 하나에 온 우주를 담아 오방채소찜 ·············· 210

도토리묵을 저으며 도토리묵사발·곤약물회 ·············· 214

음식도, 삶도 단순하게 삼색카나페&시금치페스토 ·············· 219

제사상도 채식으로 차린다고? 조랭이잡채 ·············· 224

채식인이여, 자주 파티하자 볶음밥부리토·두부아이스크림 얹은 와플 ·············· 230

'콩만도 못한 놈'의 행복 낫토카나페 ·············· 236

미인은 붉은 과일을 좋아해 복분자칵테일 ·············· 241

소박하지만 여유 있고 건강한 싱글 밥상 채소버섯로스트·채소버섯발사믹볶음 ·············· 246

채식으로 만나는 글로벌 푸드 몽골호슈르 ·············· 252

아름다운 음식으로 소식을 어울락썸머롤·청포묵웨딩드레스 ·············· 257

씨앗 속에 숨은 거대한 생명 에너지 그린단백질샐러드 ·············· 263

사람도 음식 따라 꼴값한다 수삼대추말이튀김 ·············· 267

요리의 과정을 통해 얻어지는 여섯 가지 지혜 ·············· 271

PART 4

아이 안의 천사와 채식

천사 같은 아이에게 줄 깨끗하고 좋은 음식 단호박매쉬드 ·········· 274

양질의 단백질을 섭취하는 방법 두부티라미수·두부소 파프리카만두 ·········· 281

맑은 아기를 만드는 맑은 음식 단호박브로콜리샐러드·단호박&오이샌드위치 ·········· 287

진짜 음식을 찾아 먹을 줄 아는 아이
채식피자·애플파이·피스타치오페스토샌드위치·망고바나나라씨·멜론쿨러 ·········· 293

꼴찌의 반란 에너지너깃 ·········· 302

아이 안의 천사를 보살피는 소울푸드 과일푸딩 ·········· 308

엄마 몸을 혁명하는 시기, 임신 채소김말이 ·········· 312

급식에 부는 녹색 바람 알감자조림 ·········· 317

채식으로 몸도 마음도 건강하게 자라는 아이들 ·········· 321

부록

1. 채소 식단, 이렇게 시작하라 ·········· 322

2. 즐거운 채식 생활 가이드 ·········· 323

3. 열두 달 채소 식단 ·········· 324

4. 이도경의 소울푸드 & 한국 채식 약선 아카데미 ·········· 326

몸과 마음, 영혼에
고루 이로운 음식

● 소울푸드 soul food 란 무엇인가요?

산업혁명 이후 과학과 논리가 절대시 되는 유물론적 사고방식 아래, 오직 사람의 물질적 측면만 강조됐습니다. 바로 '몸'이죠. 그러다 보니, 몸의 영양에만 과도하게 초점을 맞추며 고영양 식단을 중시하게 됐습니다. 고단백, 고지방의 육식과 유제품 위주의 식사를 하게 된 것이죠.

소울푸드는 이렇게 그릇된 식습관에서 벗어나자는 취지의 요리입니다. 몸의 비대함을 추구하는 식습관을 벗어나 사람의 몸과 마음, 영혼에 고루 이로운 음식을 먹자는 것이지요. 사람은 몸과 마음, 영혼 세 가지의 하나됨으로 존재하는 생명체이기 때문입니다.

●소울푸드는 무엇을 어떻게 먹는 것인가요?

맑고 깨끗한 채소 요리가 소울푸드의 중심이 됩니다. 오염되지 않은 땅에서 제철에 난 채소를 재료로 하여 깨끗한 마음으로 정성껏 만드는 것이지요. 또한 소울푸드는 요리를 먹는 행위뿐 아니라, 요리 과정 자체가 영혼을 아름답게 가꾸는 수행 일부가 됩니다. 나아가 소울푸드는 사랑의 실천까지 포함합니다. 소울, 즉 마음에 이로운 음식은 당연히 세상의 자연과 사람, 동물에까지 이르는 비폭력(아힘사)을 포함하기 때문입니다.

●소울푸드를 어떻게 접하게 되셨나요?

어디에서 따로 배운 것은 아닙니다. 스물여덟 살 이후 채식을 결심하고 그 후 채식 요리를 만들고 강의하며 자연스럽게 개념을 제대로 이해했습니다. 인간과 동물, 우리의 터전인 지구를 모두 살리는 생명의 식사법이 '소울푸드'라고 생각한 것입니다.

●소울푸드의 중심이 채식인 이유는 무엇입니까?

소울푸드를 공부하기 위해서는 우선 사람을 바르게 이해해야 합니다. 신은 사람을 몸과 마음, 영혼의 삼위일체로 된 고귀한 창조물로 만들었습니다. 기독교에서는 성령이 사람 안에 있다고 말합니다. 불교에서는 불성의 씨앗이 우리 안에 있다고 합니다. 사람을 신의 자녀라고 하기도 하고, 작은 우주라고 보기도 합니다.

물론 종교마다 구체적인 해석은 다를 것입니다. 그렇지만 공통점이 있습니다. 신이 머무는 귀한 장소가 바로 사람이라는 것입니다. 또한 사람을 만든 부모나 다름없는 신의 사랑과 자비로운 마음을 닮고, 그것을 실천해야 한다는 것입니다.

그런데 육식은 이러한 사랑과 자비의 마음을 거스르는 행동입니다. 지구환경을 망치고, 사람의 친구인 동물의 생명을 빼앗습니다. 게다가 공장형, 산업형 목축업과 낙농업은 이러한 행위를 더욱 가속화하고 있지요. 육식은 첫째, 신이 머무는 귀한 장소인 우리의 몸에 동물의 사체를 바치는 어리석은 짓이며 둘째, 동물을 대량으로 살인하는 행위이며 셋째, 우리의 후손이 앞으로도 살아갈 터전인 지구를 파괴하는 일입니다.

채식은 지구와 동물, 나와 가족을 살리는 지름길입니다. 그리고 채식은 나를 둘러싼 모든 만물에 대한 깊은 사랑에서 시작됩니다. 그리고 그 사랑을 실천하면 자연스럽게 나도 성장하게 됩니다. "몸은 채식의 영양으로 성장을 하고, 영혼은 사랑을 통해 성장하는 것", 이것이 소울푸드의 핵심입니다.

● 소울푸드를 이루는 정신에는 무엇이 있을까요?
사랑, 평화, 비폭력, 배려, 맑고 깨끗함, 온유한 마음 등입니다.

PART 1

몸을 건강하게,
채식

아스파라거스밀불고기말이
밀불고기꼬치덮밥

　말이야 바른말이지, 드라마는 예전 것들이 진짜로 좋았다. 과거의 일을 그려낸 역사극들은 더욱 그렇다. 지금이야 〈해를 품은 달〉이니 〈성균관 스캔들〉이니 해서 젊은 사람들 입맛에 맞추어 상큼 달달하고 아기자기하게 꾸민 역사극들이 인기 있지만, 그때는 안 그랬다. 〈토지〉처럼 음식으로 치자면 찐~하고 깊은 맛의 드라마들이 만들어지던 시대였으니, 워낙에 무얼 보고 듣는 일에 정신을 놓고 빠져드는 성격에 브라운관은 늘 내게 정이 도타운 벗이었다.

　그날도 일 마치고 들어와 버릇처럼 텔레비전 전원을 눌렀다. 아쉽게도 마지막 회였다. 도심의 한 깨끗하고 넓은 아파트가 비치고 주인공 남자의 내레이션이 담담하게 흘러나온다.

"당신이 그렇게도 꿈에 그리던 아파트에 사신 지 겨우 삼 년 만에 어머니는 돌아가셨다. 어머니는 나이가 드실수록 고기에 집착하셨다. '아이고, 배가 터져 죽겠구나' 하시면서도 매일매일 잡수시고 또 잡수셨다. 아마도 한 때문이었을 것이다. 의사 말로는 암이라고 했다."

서글픈 결말이 인상 깊어 좀 찾아봤더니 소설 《미딩 깊은 섬》이 원작이라고 했다. 작가 김원일의 자전적 경험을 바탕으로 했다는 소설의 이야기는 이랬다.

6·25 전쟁을 겪은 길남이라는 주인공이 이제는 어른이 된 입장에서 서른 해 전의 일들을 회상한다. 전쟁 직후인 1954년부터 1년 동안의 경험이니 말할 것 없이 독한 세월이었을 것이다. 대구의 마당 넓은 한 부잣집, 안채에는 주인네가 살고 바깥채에 가난한 네 가구가 세를 들어 살아간다. 마당을 사이에 두고 한 집에 스무 명 넘게 오글오글 모여 사니 당연히 별별 인간 군상이 다 있다. 그들의 고생스러운 하루하루가 고난의 시대를 이루는 모자이크 조각들이다.

중학교에 가고 싶지만 궁핍한 살림 탓에 입학을 미룬 채 신문 배달을 하는 길남이가 무척 안쓰럽지만, 그 어미의 고생에 비할 바는 아니다. 배우 고두심이 열연한 길남 엄마는 삯바느질로 열 아이를 홀로 먹이고 입힌다. 행여 귀한 먹을 것이 생긴들 부스러기나마 제 입으로 넣을 수가 있었으랴. 참새 새끼들처럼 짹짹거리는 어린아이들의 입 속으로 넣어 주고 말았을 것이다. 그 시절 어머니들은 늘 "난 배가 부르다. 늬들 먹어라."가 입버릇이었다. 그러니 미군을 불러다 제집에서 화려한 파티를 여는 주인네 식탁의 윤기 넘치고 풍성한 먹을거리들은 역설적으로 길남이네를 비롯한 셋집들의 쪼그라든 뱃속을, 그 지독한 가난을 떠올리게 했다. 한 상 걸지게 차려진 고기와 생선, 과일 등속을 보며 주책없이 꼬르륵거리는 뱃속을 달랠 방법은 아마도 상상이었을 것이다. '형편이 좀 피면 저것들을 배터지게 먹어 주리라.'

문학은 현실의 반영이라니 우리네 현실도 다를 게 없다. 요새는 가족끼리 외식을 할 때 여러 종류의 먹을거리를 두고 회의도 하고 가족 구성원 중 채식주의자가 있으면 배려도해 주지만, 예전에는 무조건 고깃집 아니면 중국집이었다. 굶던 시절의 한인지, 나는 배를 곯아 다 못 자랐지만 내 새끼들은 토실토실 살이 오르고 키도 크도록 실컷 먹어주고 싶다는 바람인지, 하여간 우리나라 사람들은 경제가 좋아지면서 더, 더, 더 고기를 배 속에 집어넣었다. 널린 게 고기 요릿집이었다. 쪄 먹고 구워 먹고 튀겨 먹고 볶아 먹고, 그리고는 병이 들었다.

채식하며 살아가는 이야기를 적는 까닭에는 고기에 한이 맺혀 포기를 못 하는 어르신들 염려도 있다. 젊은 청년들이야 어려운 전문 용어들로 빼곡한 채식 이론서나 의학 서적도 잘 사서 읽고 저희끼리 모임을 만들어 채식 요리를 먹으러 다니기도 다닌다. 그런데 문제는 머리도 굳고 마음도 굳은 어르신들이다. 고혈압에 당뇨에 암에 고생고생을 하면서도 끝끝내 고기를 포기 못 하는 분. 안타까워 조심스레 채식을 권하면 한참

아스파라거스 밀불고기말이

아스파라거스 … 8줄기
밀불고기(시판제품) … 300g
토르티야 … 2장
후춧가루 … 1/2작은술

유자청소스
유자청·배즙 … 2큰술씩
레몬즙 … 1큰술
잣 … 조금
소금 … 약간

TIP 믹서에 갈아 유리병에 넣어두고 차로 마시거나 소스로 사용하면 좋다.

❶ 아스파라거스는 밑동을 조금 잘라내고 끓는 물에 살짝 데쳐낸 뒤 냉수에 헹궈 물기를 뺀다.

❷ 밀불고기는 해동한 뒤 기름을 두른 팬에 양면을 구워낸 다음 후춧가루와 참기름으로 양념한다.

❸ 배는 강판에 갈고 잣은 다진 뒤 믹싱볼에 함께 담고 유자청, 레몬즙, 소금을 넣고 서어 유자청 소스를 만든다.

❹ ❶의 아스파라거스에 ❷의 밀불고기를 감듯이 둥글게 만 뒤 접시에 가지런히 담고 ❸의 소스를 곁들여 낸다.

❺ 토르티야를 펴고 소스를 바른 다음 ❷의 밀불고기를 올리고 ❶의 아스파라거스를 넣어 잘 만 다음 한입 크기로 썰어 내면 더욱 든든하게 즐길 수 있다.

유자청 만들기
❶ 유자를 굵은 소금으로 문질러 흐르는 물에 씻어 이등분한다.
❷ 씨를 파내고 곱게 채를 썰어 유자 1:설탕 0.7의 비율로 섞는다.
❸ 항아리에 옮겨 담고 위에 설탕을 조금 뿌린다.
❹ 하루 정도 실온에 두었다가 시원한 곳에서 한 달가량 발효시킨다.

고개를 끄덕이다가는 꼭 이러신다.

"고기 나쁜 거야 아는데 입에서 당기는 걸 어째요. 구워지는 냄새만 맡아도 흐뭇한데요. 그리고 고기를 먹어야 힘을 쓰지, 채소만 달고 살면 필요할 때 기운을 못 쓰고……."

그럴 때 이분들에게 '아스파라거스밀불고기말이'와 '밀불고기꼬치덮밥'을 만들어 대접하고 싶다. 아스파라거스밀불고기말이는 시중에서 판매하는 밀불고기 얇은 것 한 장에 아스파라거스 서너 토막을 넣고 도르르 말아서 달군 팬에 굽는 간단한 요리다. 밀불고기는 동물성 재료는 일절 넣지 않고 채식 재료로만 만든 '채식 고기'다. 밀 글루텐에 땅콩, 호두, 아몬드 등의 고소한 견과를 넣어 반죽하고 간장으로 감칠맛을 내고 소금, 후춧가루로 간을 했다. 숯불에 구운 향이 입맛을 돋우니, 따로 재료나 양념을 더 하지 않고 물에 찌거나 기름에 굽기만 해도 밥반찬으로 그만이다. 부드러운 밀불고기에 아작아작한 아스파라거스가 더해지니 식감도 좋다. 삐뚤빼뚤 멋스럽게 깎은 연필 자루들 같은 아스파라거스 모양도 재미있고.

밀불고기꼬치덮밥은 조금 더 손이 간다. 케밥 양념의 이국적인 향기를 의외로 어르신들이 흔쾌히 받아들이시더라. 우리나라의 갈비구이와 비슷한 구운 냄새가 나니 익숙해하시고 그보다는 독특하니 새롭다고 하신다. 고기와 함께 곁들이는 현미찹쌀밥은 대사성 질환을 앓고 있거나 원기가 부족한 사람들에게 좋다. 이 요리는 봄꽃 구경이나 가을 단풍놀이 때 점심으로 내놓으면 특히 인기다. 제철 과일 몇 조각이나 시원한 멜론쿨러 한 병을 더하면 어디서든 환영받는 도시락 세트가 된다.

밀불고기를 이용한 요리들은 채식식당에서도 인기다. 한 접시 구워 놓으면 연신 집어 먹게 된다는 사람들이 많다. 살짜 식으면 쫄깃해져 더욱 맛있으니 도시락 반찬으로도 맞춤이다. 전(前) 김황식 국무총리가 참석했던 장성 농어촌 뉴타운 입주 오찬의 도시락과 만찬에도 밀불고기를 사용했다. 이처럼 요즘은 채식 모임이 아닌 곳에서도 채식 도시락, 채식 출장뷔페를 요청해 오는 일이 많다. 그럴 때 잊지 않고 준비하는 것이 바로 이 밀불고기다. 쫄깃쫄깃 씹히는 맛과 풍미가 좋고 채식을 처음 접하는 사람들에게도 익숙한 맛이기 때문이다.

자극적인 요리만 찾는 아이들, 그래도 밥상에 고기가 있어야 먹은 것 같다는 남편. 몸이 아파 죽겠다면서도 채식 한번 해보라는 얘기엔 거북해하는 어르신들에게 처음으로 대접하기에, 밀불고기 요리가 안성맞춤이다. 혀를 잠깐 속이는 것이다. 채식 요리에도 조리하기에 따라 감칠맛 있고 자꾸 당기는 것들이 많다는 사실을 알게 하자는 것이다. 첫인사든 첫 만남이든 좀 살랑살랑 가벼운 게 좋다.

밀불고기
꼬치덮밥

현미찹쌀밥 … 1공기
밀불고기 … 400g
샐러드채소 … 300g
방울토마토 … 적당량

양념
김가루 … 1큰술
소금 … 1/2작은술
통깨·참기름 … 1작은술씩

❶ 현미찹쌀밥은 기호에 맞춰 소금, 참기름, 김가루, 통깨 등을 넣어 양념한다. 담백한 맛을 원하면 소금만 살짝 넣는다.

❷ 밀불고기는 얇게 썰어 꼬치에 끼운 다음 가스 불을 약하게 하여 직화구이 한다.

❸ 볼에 ❶의 현미찹쌀밥을 담고, ❷의 밀불고기꼬치를 얹는다.

❹ ❸에 샐러드와 방울토마토를 곁들여 낸다.

현미찹쌀밥구이 응용법

데리야키 소스를 발라 구워도 맛있고, 깨소금·소금·김가루를 섞어 후리카케를 만든 뒤 구운 밥을 찍어 먹어도 맛있다.

'칼슘의 왕'을 찾아라

검은깨스파게티 | 시금치오믈렛

"아무래도 아이 때문에 우유와 타협해야겠어요."

미혼이었을 때는 달걀도 우유도 안 먹는 완전채식을 했었던 사람들이 이런 말들을 전해온다. 안타깝고 씁쓸한 일이다. 허나, 또래보다 아이 성장이 조금만 늦어져도 혹시 이상이 있는 게 아닐까 싶어 전전긍긍 쪼그라드는 게 부모 마음임을 잘 안다. "부모 고집 때문에 우유를 안 먹어서 키도 덜 자라고 체질도 약해지면 나중에 어떻게 책임지려고 그러니?"라는 충고 반 협박 반의 말들 앞에 마음이 약해질 수밖에 없음도 이해한다. 게다가 그 협박은 가까운 친지와 가족을 넘어 사회 전반을 통해 공고히 이뤄지기까지 하므로 채식부모들은 꽤 피로하다.

우리 세대가 어릴 적에도 2교시가 끝나면 학급 아이들이 다 함께 억지로라도 우유 한 팩씩을 비워야 했는데, 요즘 아이들에게 가해지는 '우유 강요'야 말할 것도 없을 것이다. 의사들은 1일 1잔의 우유를 마시라고 처방하고, 유제품을 생산하는 대기업에서는 거대자본을 투입해 각종 언론보도, 캠페인과 광고 등을 통해 '우유는 완전식품'이라는 거짓 메시지를 주입해댄다. 우유 대신에 두유를, 치즈 대신에 볶은 콩을 아이 간식으로 준비하는 부모들이 그 정성에 합당한 자부심 대신 죄책감과 불안감을 떠안게 만드는 가혹한 현실이다. 그리고 대개의 사람은 우리 사회 속의 강박관념에 휩쓸려 간다.

그러나 다음의 현상들을 어떻게 바라볼 것인가. 유제품을 대량 소비하는 미국의 경우 골다공증 환자가 속출하는데 곡류와 채소를 주로 먹는 아시아, 아프리카 오지는 그렇지 않다. 일견 아이러니하게 보이지만 그들의 몸속을 들여다보면 고개가 끄덕여진다. 사람이 우유나 고기, 달걀 등의 동물 단백질을 많이 섭취하면 몸은 대사 과정을 통해 산성으로 치우치게 된다. 깜짝 놀란 우리 몸은 균형을 맞추려고 애를 쓴다. 뼈에서 칼슘을 빼내 중성을 유지하려고 하는 것이다. 결과적으로 동물성 식품의 섭취는 뼈에 크고 작은 구멍이 뚫리게 만든다. 이것을 우리는 '골다공증'이라 부른다. 애초에 칼슘 부족이 아니라 단백질 과다가 원인인 병이다.

게다가 우유 속 칼슘은 채소의 우수성을 넘지 못한다. 일례로 검은깨 100g에는 무려 1,100mg의 칼슘이 들어 있다. 이게 얼마나 많은 것이

검은깨스파게티

파스타면 … 280g
두유 … 600g
검은깨 … 40g
볶은 아몬드 … 20g
새송이버섯 … 1개
파슬리·비건치즈가루 … 조금씩
소금·후춧가루 … 약간씩

아몬드 대신 땅콩버터, 새송이버섯 대신 양송이버섯을 써도 괜찮다. 좀 더 진한 맛을 원한다면 검은깨의 양을 조금 늘리고, 느끼한 맛이 싫다면 마지막에 다진 청양고추를 넣어 함께 볶는다.

❶ 새송이버섯은 작은 주사위 모양으로 썰고, 검은깨는 기름기 없는 팬에 살짝 볶는다.

❷ 믹서에 두유와 ❶의 볶은 검은깨, 볶은 아몬드를 넣고 부드럽게 갈아 소스를 만든다.

❸ 끓는 물에 소금을 조금 넣고 스파게티 면을 넣어 7~8분 정도 삶아 건진 후 오일을 조금 뿌려둔다. 면을 삶은 국물도 반 컵 정도 남겨두어 소스의 농도를 맞출 때 사용한다.

❹ 팬에 기름을 두르고 ❶의 새송이버섯을 넣어 볶다가 소금·후춧가루로 간을 맞춘 다음 삶아둔 스파게티 면과 ❷의 검은깨소스, ❸의 남은 국물을 조금 넣은 뒤 같이 익혀낸다.

❺ 비건치즈가루와 다진 파슬리를 살짝 뿌려 낸다.

냐고? '칼슘의 왕'이라는 우유의 100g당 칼슘양은 고작 186mg에 불과하다!

철 따라 돋아나는 채소들을 맛있게 먹고 따사로운 햇볕 아래 걸으며 소화하는 동안 우리 뼈는 자연스럽게 강해진다. 맑은 땅에서 자란 채소와 신선한 공기, 따뜻한 햇볕, 이 세 가지가 뼈의 근간이기 때문이다.

수술 후 환자 회복식으로 자주 찾는 검은깨죽의 주재료, 검은깨. 치즈의 2배, 우유의 11배의 칼슘이 들어 있고 철분과 인 등의 무기질도 풍부해 뼈를 튼튼하게 하고 오장의 기능을 원활하게 한다. 당연히 하루가 다르게 쑥쑥 크는 아이들을 위해서도 적합한 재료다. 다만 소화력이 약한 사람이 검은깨를 통째 먹으면 흡수가 더디므로 살짝 볶아서 바로 갈아 먹는 게 좋다. 쌀과 함께 갈아서 보드랍게 죽을 쑤거나 두유에 갈아 먹어도 좋지만 아무래도 아이들은 파스타 요리로 만들어 놓으면 신나서 달려올 듯싶다. 우리 딸도 삶은 통밀 스파게티에 검은깨를 두유, 소금과 함께 간 소스를 부어 살짝 볶아 담아주면 후루룩 해치우고 "한 접시 더 주세요."한다. 고소한 깨 맛에 자꾸만 입맛이 당기고, 향과 맛이 자극적이지 않고 부드러워 많이 먹어도 혀가 편안하기 때문일 것이다. 볶아서 잘게 부순 아몬드를 뿌리면 고소한 향과 맛이 더욱 살아난다. 느끼한 것을 잘 못 먹는 어른들께는 청양고추 다진 것이나 후춧가루를 먹기 직전에 살짝 뿌려 매큼한 맛을 더하면 좋다. 가끔은 스파게티면 대신 칼국수나 라면 사리로 만들어도 색다르다.

칼슘 요리로 또 하나 권할 만한 것이 시금치오믈렛이다. 시금치는 칼슘뿐 아니라 철분과 요오드 성분도 풍부해 성장기 어린이는 물론이고 골다공증으로 고민하는 중년여성이나 수술 후 회복기의 환자에게도 좋은 채소다. 흔히 시금치를 많이 먹으면 결석이 생긴다고 걱정을 하는 경우가 있다. 시금치 속 수산이 체내의 칼슘과 만나 녹지 않는 '수산칼슘'으로 변해 신장과 요도에 결석이 생긴다는 것인데, 이런 일이 벌어지려면 하루에 한 대야씩의 시금치를 매일 먹어야 한다. 그러나 우리가 한 끼에 먹는 시금치는 많아야 100g 정도이니 마음 푹 놓으시라. 게다가 시금치는 뜨거운 물에 데치면 수산이 거의 제거되니 더욱 안심 아닌가. 이제 시금치는 어떻게 조리해야 입맛에 맞게, 많이 먹을지나 고민하자.

뼈를 튼튼하게 하는 요소로 하나 더! 단단한 뼈는 단단한 정신에서 나온다는 진리를 기억하자. 삶의 의욕이 없고 정신이 해이해지면 골밀도도 덩달아 약해진다. 의학적으로 말이 되는 소리다. 깁스하면 그 부분의 뼈가 약해지지 않는가. 게으름과 나약함은 마음의 깁스나 다름없다. 삶의 열정이 없고 자신을 보호하려고만 하는 사람은 자연히 움직임을 줄여가기 때문이다. 고난을 통해 인간의 의식이 성장하듯, 뼈도 중력의 압박으로 강해지기 마련이다. 힘차게 걸어야 뼈가 강해진다. 칼슘 요리 한 접시씩 뚝딱 해치우고 동네 한 바퀴 돌고 오자. 오늘은 칼슘 데이다.

시금치오믈렛

시금치잎 … 50g
두부 … 80g
찐 단호박 … 60g
두유 … 1컵
통밀가루 … 8큰술
비건치즈가루 … 1큰술
강황가루 … 1작은술
레몬 … 4조각
식물성버터·소금·케첩 … 조금씩

❶ 시금치잎은 잘 씻어 물기를 빼고 단호박과 두부는 곱게 으깬다.

❷ 기름을 두른 팬에 으깬 두부를 넣고 노릇해질 때까지 볶다가 소금으로 간한 뒤 식힌다.

❸ 시금치잎, 으깬 단호박, 볶은 두부, 소금, 통밀가루, 강황가루를 섞고 두유를 조금씩 부으면서 부드러운 농도로 반죽한다.

❹ 기름과 식물성버터를 두른 팬에 반죽을 한 국자씩 부어 양면을 잘 지진 다음, 롤 모양으로 만다.

❺ 한입 크기로 잘라 접시에 담아낸 뒤 케첩과 비건치즈가루를 뿌리고 레몬 조각을 곁들인다.

식물성버터

완전채식(Vegan) 요리에 사용하는 버터 대체 재료. 유제품, 인공식품 첨가제, 동물성 재료가 전혀 들어가지 않았다. 빵에 발라먹거나 요리에 사용한다.

말랑말랑하고 온기가 꽉 찬 마음

인절미계피조림 | 메밀총병

아이들은 말놀이를 좋아한다. 이제 갓 말을 배우기 시작한 어린아이를 둔 부모나 이모, 삼촌이라면 잘 알겠지만, 그들은 말놀이 중에서도 반복에 유독 열광한다. 어른의 눈으로 보기에는 별 의미 없어 보이는 말놀이에 까르륵 넘어가곤 하기도 한다. 가령 같은 소리가 나는 어휘를 여러 번 반복하거나, 꼬리에 꼬리를 무는 말의 연속을 좋아하는 식이다. 아이와 놀아주기에는 이토록 간단한 것이 없다. 게다가 노래하듯 따라 하다 보면 나도 모르게 기분이 상쾌해지곤 해서 은근히 즐기기도 한다. 오늘도 원고를 쓰다가 머리가 지끈거려서는 발아래 놀고 있는 딸에게 무심코 말장난을 걸었다.

"컵에 따뜻한 물을 담으면 그 컵은 어떻게 될까?"

"따뜻한 컵이 돼요."

"그럼, 차가운 물을 담으면 어떻게 될까?"

"차가운 컵이 되죠."

"미지근한 물을 담으면?"

"그러면 미지근한 컵!"

따뜻한 컵, 미지근한 컵, 차가운 컵. 간단한 말장난이지만 이 속에 딸 아이에게 전하고자 하는 메시지를 나는 은근히 마음에 품고 있다. 바로, 컵 온도가 그 안에 담기는 내용물 온도에 영향을 받아 변화한다는 사실. 사람도 컵과 같아서 몸 안에 깃든 우리의 마음이 밝고 따뜻하다면 그 마음을 감싼 몸도 그러해진다는 진리를 말이다.

경쟁과 부침이 심한 한국 사회에서 타인에게 뒤처지거나 얕보이지 않 겠다는 심정으로 아등바등 살아가다 보면 마음은 차가워지고 몸은 경직 되어가기 마련이다. 매끈하게 빠진 질 좋은 정장 차림으로 누구보다 맹 렬하게 일하는 기업인에게서 연상되는 성품은 무엇일까. 냉정, 적당한 이기심, 어느 정도의 탐욕. 현대사회의 경쟁 구도에서 우위를 차지할 만 한 사람이 지녀야 할 일종의 덕목으로 곧잘 인식되는 이러한 성품은 사 실 부정적이고 차가운 것들이다.

도시 정글에서 살아가는 사람의 성품이 잘 구운 인절미처럼 말랑말랑 하고 온기가 꽉 찬 상태이기란, 슬프지만 도무지 쉽지 않은 일임을 물론

인절미계피조림

인절미 … 300g
수삼 … 2뿌리
대추 … 5개
호두 … 8알
은행 … 10알
생강 … 1톨
생수 … 1컵
전분가루·찹쌀가루·쑥갓잎
… 조금씩

시나몬소스
식초 … 3큰술
설탕 … 2큰술
계핏가루·간장·조청 … 1큰술씩
참기름 … 1작은술
생강채·후춧가루·생수… 조금씩

❶ 인절미를 해동한 뒤 얇게 썰어 전분가루를 묻혀 기름을 두른 팬에서 노릇하게 지진 후 식으면 한 입 크기로 자른다.

❷ 수삼은 깨끗이 씻은 후 편으로 썰고, 대추는 씨를 빼고 돌돌 깎아 둥글게 말아 가늘게 썰고, 은행·호두도 씻어 준비한다.

❹ 냄비에 생수와 손질한 수삼, 대추, 밤, 은행, 호두를 넣고 끓이다가 어느 정도 익으면 분량의 시나몬소스 재료를 넣어 충분히 조린 후 마지막으로 후춧가루와 참기름을 넣는다.

❹ ❸의 소스에 ❶의 인절미를 섞어 버무린 뒤 쑥갓잎과 함께 접시에 담아낸다.

잘 알고 있다. 그러므로 본디 타고난 성품이 온화하고 잔정이 많으며 다감한 아이를 둔 부모는 그런 아이가 대견하고 어여쁜 한편, '학교나 사회에서 상처받지 않으려나.' 하는 남모를 걱정을 해야 하는 슬픈 현실이다. 얼음물이 컵을 깨질 것처럼 차갑게 만들어 버리듯이 부정적인 성품도 사람 몸에는 무척 위험하다. 인체의 혈액순환을 정체시켜 장기를 냉하고 허약하게 만들기 때문이다. 그러므로 일평생을 낮은 온도의 마음으로 살아야 했던 많은 사람이 각종 순환장애로 고생하는 것은 어쩌면 당연한 일이다.

두한족열(頭寒足熱)의 원칙. 몸의 윗부분은 차고 시원하게 해주며 몸의 아랫부분은 따뜻하게 유지하라는 이 말을 어린 시절에 부모님께 많이들 들으며 자랐을 것이다. 만화가들이 심하게 화내는 사람을 표현하는 법을 보면 흔히 머리 위로 뜨거운 김이 솟구치는 장면을 그린다. 이렇듯 극도의 긴장 상황에 부닥치거나 분노하거나 억울한 일이 있어서 심적 상태가 좋지 못할 때, 그의 얼굴은 벌겋게 달아오르고 입술은 바싹바싹 마르며 입에서는 더운 기가 훅하고 풍긴다. 그리고 머리와 반대로 손과 발은 냉하게 식게 된다. 두한족열과는 정확히 반대되는 상황이다. 이는 스트레스로 인한 열이 머리 위로만 올라가며 온몸에 순환이 제대로 이뤄지지 못해 생기는 현상이다.

요새 아가씨들 손은 너나 할 것 없이 참 차가워서 깜짝 놀라게 될 때가 많다. 어엿한 아내도 있는 유부남이 이것을 어떻게 아느냐고? 채식식당을 운영하고 있으니 손님이 식사를 마친 후 계산하면서 신용카드나 돈을 건네받을 때 우연히 손끝이 스칠 때가 종종 있다. 따끈한 국과 밥을 먹고 난 후에도 이렇게 손이 얼음장 같다면, 평소에는 얼마나 고생이 심할까 싶어 저도 모르게 남의 집 따님, 남의 아내 염려를 하게 된다. 그렇다고 "아이고, 아가씨 손이 이토록 차가워 어쩌니요." 하며 수족냉증에 좋은 음식과 생활 습관을 일러주면 행여 손이 스친 것을 부끄러워할까봐 그러지는 못하지만.

몸이 차가운 사람들, 특히 추운 곳에 있을 때뿐만 아니라 따뜻한 곳에서도 손과 발이 얼음장처럼 차가운 증상으로 손이 곱아 키보드를 치기 어렵거나, 발이 시려서 잠을 이루지 못하는 등 일상생활의 불편이 많은 사람에게는 생강과 계피가 참으로 좋은 식품이다. 알싸하게 향긋한 향기도 일품이지만, 먹으면 몸 안을 따뜻하게 데워준다.

이렇게 매력적인 향을 가진 계핏가루와 찰지고 부드러운 인절미의 만남. 인절미계피조림이다. 소화 잘되는 찹쌀로 빚은 인절미는 위에 부담을 주지도 않고, 계피는 혈액순환을 도와 몸을 덥게 해 깊은 잠을 이루게 하니 좋다. 부재료로 들어가는 수삼은 몸의 면역을 강하게 하는 데 특히 좋으니, 노인이나 아이들 간식으로 이만한 것이 없다. 패스트푸드를 좋아하는 아이들도 쫄깃하고 달콤한 이 맛에 잘 길들더라. 떡 하나를 우물우물 씹으며 몸이 데워지는 동안, 낮 동안 품었던 화, 남을 미워하는 마음, 억울한 심경, 시기와 질투도 몽땅 풀어내어 버리자. 몸과 마음이 서로 온기를 주고받으며 서로의 온도를 올려줄 것이다.

메밀총병

메밀가루 … 150g
물 … 300mL
소금 … 1작은술

속재료
청경채 … 2송이
새송이버섯 … 2개
숙주나물 … 한 줌
마늘·생강 … 1톨씩
청양고추 … 1개
간장·후춧가루·참기름·소금·식
초… 조금씩

❶ 메밀가루와 통밀가루에 소금과 물을 넣고 되직하게 반죽한다.

❷ ❶의 반죽을 기름 두른 팬에 한 국자씩 부어 둥글고 얇게 부쳐낸 다음 한 장씩 펼쳐 식힌다.

❸ 청경채와 새송이버섯은 가늘게 채 썰고, 생강·마늘·청양고추는 얇게 편을 썬다.

❹ 팬에 기름을 두르고 편 썬 마늘과 청양고추를 넣어 잠시 볶다가 청경채·새송이버섯을 넣고 볶으면서 간장으로 간을 맞추고 후춧가루, 참기름으로 마무리한다.

❺ 다른 팬에 기름을 두르고 생강편을 볶다가 숙주나물을 넣어 센 불에서 재빨리 볶으며 소금으로 간을 맞추고 식초를 조금 넣어 마무리한다.

❻ ❷의 메밀전에 볶은 채소들을 올리고 둥글게 만후 한입 크기로 썰어 담아낸다.

향기 먹고,
에너지 먹고

더덕들깨국수

종로 3가는 더덕향이 물씬한 곳이다. 역이 크고 사람도 많아 다른 역보다 몇 배로 복잡한 중에도 할머니들이 조그만 보퉁이에서 풀어내 팔고 있는 더덕의 향기는 가려지지 않는다. 그만큼 강한 것이 더덕향이다. 도심 한가운데서 갑작스레 맡게 되는 풀 향기라서일까. 상큼하고 향기로운 내음이 풍길 때마다 역설적으로 도시에 살고 있다는 자각이 든다.

이토록 더덕향이 코끝에 감도는 날이면 일이 바쁘더라도 더덕들깨비빔국수를 꼭 해 먹어야 직성이 풀린다. 어떤 음식이 먹고 싶어 간절한 마음은 참 즐겁다. 식욕이 떨어져 있을 때라면 더욱 감사한 일이다. 통밀국수를 한 소쿠리 삶아 건져 놓고 그 소담한 모습에 마음이 충만해지는건 비단 나뿐 아니리라. 게다가 더덕 몇 뿌리를 꺼내 놓으면 이미 맘이

설렌다. 우리는 보통 더덕 뿌리를 먹으니 뿌리에서 나는 향만 알지만, 잎사귀에서도 뿌리만큼 진한 향기가 난다. 들기름, 간장, 식초에 무치면 밥반찬으로 좋은 더덕잎은 잘 떼어 보관해 둔다. 흐르는 물에 씻어 흙을 털고 나서 정갈하게 다듬은 더덕 몇 뿌리를 작은 방망이로 슬슬 밀면, 더덕향이 더욱 강해진다. 밀 때는 힘을 많이 주면 죄 부스러지고 적게 주면민 듯 만듯하니 적당한 강도로 밀어야 한다. 너무 연하지도 너무 질기지도 않게, 적당히 부드러워진 더덕을 먹기 좋게 길쭉하게 찢어서 접시에 모아두면 더덕채가 마련된 것이다.

이번엔 국수를 비빌 소스를 준비할 차례다. 두유에 들깨와 호두를 갈아 넣으면 더덕의 쌉싸래함과 잘 어울리는 꼬순 소스가 만들어진다. 한입 찍어 맛보노라면 그냥 음료로 마시고 싶을 정도로 담백하고 배틀한 맛이 일품이다. 움푹한 접시에 아까 찢어놓은 더덕채와 국수를 둥글게 말아 담고 채 친 오이 좀 얹고, 얇게 썬 배도 올리고 갈아놓은 들깨소스를 촉촉하게 부으면 더덕들깨국수가 완성된다.

이 국수는 내놓으면 더덕과 들깨 향에 취해 쉬지 않고 젓가락질을 하게 된다. 정작 요리한 나는 미처 맛볼 틈도 없이 사라지고 만다. 그래도 섭섭지 않다. 음식은 만들면서 한번, 입에 넣으면서 한번 먹는 것이므로. 요리사는 재료를 다듬고 조리하며 향과 맛을 실컷 먹는 것과 같으니 상을 내가면서 이미 배가 불러있을 적도 많다. 향이 강한 더덕이나 들깨와 같은 재료를 다룰 때는 더욱 그러하고. 그러니 온종일 서서 요리하면서도 배가 별로 고프지 않을 때가 많다. 오히려 집에서 앉아 지낼 때보다 포만감이 들어 간간이 물만 마시며 일하기도 한다.

더덕들깨국수. 이 조촐한 한 끼는 자연의 에너지가 가득해 처진 몸과 마음을 일으켜 세우는 기특한 요리다. 기운이 떨어져 있을 때 먹으면 특히 좋다. 더덕과 오이의 씹는 맛이 좋아서 다이어트 중인데 무언가 오래도록 씹어 먹어야 스트레스가 풀리는 사람들에게도 요긴하고, 소금기가 덜하고 위에 부담이 없으니 야식을 참지 못하는 사람들이 먹어도 뒤탈이 없다. 더덕은 목에 좋으니, 아이들이 목감기로 고생할 때 콩불고기 양념에 재워 구워 먹어도 좋다. 더덕향이 낯설어 먹기 싫다던 아이들도 익숙한 간장 맛 때문인지 한 점 두 점 잘도 받아먹는다.

국수를 비비고 남은 들깨는 잘 뒀다가 요리할 때마다 갈아 쓰곤 한다. 그때그때 갈아야 들깨 특유의 고소한 향기가 날아가지 않기 때문이다. 들깨처럼 가을에 거두는 식물에는 몸의 에너지를 안으로 모아주는 효능이 있으니 성장기 아이들에게 특히 좋다. 발산의 에너지가 넘쳐서 산만하거나 화를 잘 내는 아이들에게 먹이면 차분해지는 효과도 있다. 작은 씨앗 안에 다음 해에 발산할 에너지가 모이듯 밖으로 뻗은 에너지도 고이 수렴될 것이다.

이 아이들에게는 통밀국수도 이롭다. 중세 유럽에서는 정신병을 앓는 사람에게 밀기울 가루를 약으로 먹이기도 했다. 통밀의 신경 안정 효능을 믿은 것이다. 그러고 보니 더덕들깨비빔국수는 불안정하고 행동이 과다한 요즘 아이들에게 알맞은 요리다. 화르르 단숨에 끓여 먹는 라면만 좋아하는 아이들을 불러다 앉혀놓고 더덕을 씻고 다듬는 일부터 찬찬히 함께하면 어떨까 싶다.

더덕들깨국수

통밀국수 … 4인분
더덕 … 8뿌리
오이 … 1/2개
배 … 1/4개
들깻가루 … 5큰술
잣 … 1큰술
두유 … 1컵
얼음·영양부추 … 조금씩

❶ 더덕은 껍질을 벗겨 방망이로 살살 두들긴 뒤 가늘게 찢고, 오이는 필러로 얇게 저미고, 배는 껍질을 벗겨 가늘게 채 썬다.

❷ 믹서에 두유, 들깻가루, 잣, 소금을 넣고 부드러워질 때까지 잘 갈아 들깨 국물을 만든 후, 얼음을 띄워 냉장 보관한다.

❸ 통밀국수는 끓는 물에 삶아 냉수에 헹군 뒤 사리를 지어 물기를 뺀다.

❹ ❸의 통밀국수와 ❷의 들깨 국물, ❶의 더덕·오이·배를 담아 잘 섞은 뒤 접시에 담아낸다.

> 더덕을 끓는 물에 살짝 데치고 냉수에 헹군 다음 손질하면 껍질을 벗기기가 한결 쉽다.

나쁜 기운은 죄 씻어내리니, 무

만두피타코 & 무말이

사계절을 하루로 치자면 가을은 저녁으로 볼 수 있지 않을까. 해가 지고 저녁이 되면 식구들이 바깥세상의 불필요한 미련을 버리고 따뜻한 집으로 하나둘 돌아오듯이, 식물도 그러하다. 물의 기운이 식물의 뿌리로 내려오니 잎사귀와 모자란 열매들은 후드득 떨어질 수밖에 없다. 밖으로 기운을 뻗친 것들, 교만하고 허영기 어린 것들은 줄기에 매달려 있지 못하는 것이다. 대신 뜨거운 여름의 햇살을 용케 잘 견딘 열매는 더욱 알차게 영근다. 자연은 단단한 열매와 곡식을 사람에게 내어주며 내실을 다지게 된다. 길고 매서운 겨울을 견디기 위해서는 모두 비우고 황량한 상태가 되어야 하기 때문이다.

무는 대표적인 가을 채소다. 가을걷이를 끝낸 고향 집 마당에 수북하게 쌓여 있던 무 더미는 그 자체로 수확의 상징이었다. 봄여름에 나는 무는 기운이 위로 올라가므로 가늘고 연하지만 가을무는 다르다. 모진 땡볕과 비바람과 병충해를 끝내 모두 견디고 아래로 깊이깊이 모인 에너지의 합이 바로 가을무다. 가을무는 크고 굵으며 달고 수분이 많아 그 맛이 특별하다.

그런데 이 좋은 가을무도 잘못 고르면 바람 든 놈이 걸린다. 집에 와 후회하지 않으려면 채소장수에게 양해를 구하고 잎 하나를 아래쪽에서 잘라보길. 자른 잎이 희면 영락없이 바람 든 무다. 잎을 자르기 어려우면 슬쩍 두들겨 본다. 무에서 경박하게 '통-통!'소리가 나면 이놈도 바람 든 무다. 잘 찬 무는 자른 잎도 생기 있게 파랗고 두드리면 묵직한 소리가 난다. 속이 꽉 찬 사람은 점잖은 말씨를 쓰지만 덜 찬 사람은 그 말씨도 경박하듯이.

잘 고른 무는 어느 한 부분 버릴 데 없이 알차게 요리해 먹을 수 있다. 비타민이 가득한 잎사귀는 양념에 짭짤하게 졸이거나 볶아 먹고, 단단한 머리는 된장을 풀어 국을 끓이면 맛있다. 무의 뿌리는 쓰고 매울 때가 많다. 이 부분은 시큼달큼한 피클로 담가 먹으면 쓰지도 맵지도 않고 맛있다. 몸통은 특히 단맛이 강하다. 뭘 해 먹어도 맛있지만, 겨울밤 입이 심심할 때마다 깎아 먹던 추억을 잊을 수 없어 종종 생것으로 먹곤 한다. 달긴 달지만, 과일과 달리 입에 끈끈하게 남지 않고 시원하게 씻어내리는 맛이 좋아 종종 무스틱을 입에 물고 다닌다. 무는 뿌리 부위라 양이지만 수분함량이 많아 서늘한 음의 기운도 있으니, 신경 쓸 일이 많아 열이 오를 때 먹으면 좋다.

이렇게 맛이 좋은 무는 몸속 독을 풀어주는 최고의 해독 식품이기도 하다. 특히 고기나 우유를 많이 먹어 몸속에 노폐물이 많이 쌓인 사람은 한동안 무를 다양한 요리로 만들어 즐겨 먹기를 권한다. 담배를 많이 태워 가래와 담이 생긴 사람에게도 특효고, 술을 자주 마시는 사람은 뭇국을 끓여 먹으면 속이 풀린다. 소화 효소가 많으니 음식을 먹고 속이 더부룩할 때도 유용한 천연 소화제가 바로 무다. 노폐물이든 체기든 숙취든, 하여간 무의 좋은 기운이 나쁜 기운이 쌓인 곳을 죄다 찾아가 뚫어주니 이리 기특할 수가 없다. 가을무 한 자루 쟁여 놓으면 겨우내 흐뭇한 이유다.

시원한 단 무는 기름에 튀긴 타코와도 맛의 궁합을 이룬다. 애피타이저로 가볍게 먹기도 좋고 기름진 음식을 먹은 뒤 입맛을 되돌리기에도 알맞다. 타코는 대개 토르티야 칩으로 만들지만 나는 만두피를 써서 만들기를 더 좋아한다. 찹쌀만두피를 사용하면 밀가루로 만든 것보다 더 쫄깃하고 씹는 맛이 좋다. 명절 뒤 끝에 남은 만두피를 알뜰히 모아쓰면 근사한 재활용 요리가 되기도 한다.

아이들 손바닥만한 크기의 만두피는 고사리손에 들고 먹기에 알맞고 쌈무와도 잘 어울리는 크기다. 동그란 쌈무 한 장과 만두피 한 장이 쌍둥이 같이 닮았다. 배와 오이, 사과, 파프리카 등 제철 과일과 채소를 굵게

만두피타코
&무말이

찹쌀만두피 … 1팩
쌈무 … 1팩
배·오이·사과·노랑 파프리카·빨강
파프리카 … 조금씩

겨자드레싱
파인애플 … 200g
셀러리 … 1줄기
식초·설탕·레몬즙 … 2큰술씩
연겨자·머스터드 … 1작은술씩
소금 … 조금

살사드레싱
스윗칠리소스 … 2큰술
핫소스 … 1작은술

❶ 과일과 채소는 굵게 채 썰어 준비한다.

❷ 믹서에 분량의 겨자드레싱 재료를 넣고 곱게 간다. 살사드레싱은 재료를 잘 섞어 준비한다.

❸ 쌈무 1장을 편 뒤 ❶의 채소와 과일 채를 골고루 넣고 둥글게 만다.

❹ 튀김 팬에 기름을 붓고 170℃ 정도 되면 만두피를 넣어 한 장씩 튀겨낸다.

❺ ❹의 만두피가 식으면 ❸의 무말이를 올린 뒤 살사드레싱이나 겨자드레싱을 뿌려 낸다.

> **쌈무 만들기**
>
> 쌈무는 시중에서 쉽게 구할 수 있는 제품이지만 직접 만들어 사용하면 더 맛있고 건강한 쌈무를 즐길 수 있다. 무를 얇게 저민 후 단촛물에 재워두었다가 사용하면 된다. 단촛물은 유기농 설탕 5큰술, 식초 5큰술, 소금 2작은술, 생수 1컵을 냄비에 넣고 살짝 끓인 후 레몬 반개를 얇게 저며 넣고 식혀 만든다.

채 썰어 담아 놓고 가족, 친구와 다 같이 만들어도 즐거운 시간이 될 것 같다.

　도르르 야무지게 말은 무말이를 접시에 잠시 대기시켜 두고서 끓는 기름에 만두피를 한 장씩 튀겨낸다. 만두피타코가 노릇하게 튀겨지면 온 집안에 고소한 향내가 가득하다. 행복한 향기, 마음이 따뜻해지는 향기다. 마침 누군가 찾아와 문을 열었다면 반색하며 손을 씻고 식탁으로 달려올 것만 같다. 잘 튀긴 타코 위에 무말이 두어 개를 올리고 빨강 살사와 노랑 겨자 중 취향에 맞는 소스를 조금 뿌려 입에 넣으면 바삭함과 아삭함, 그리고 고소함과 상큼함의 조화가 일품이다. 무의 다소 서늘한 성질과 살사, 겨자의 따뜻한 성질도 조화롭다.

　나는 무의 사각거림을 유난히 좋아해서 무말이를 네 개씩 올려 먹기도 하는데, 그러면 남은 튀김 만두피는 아이가 과자처럼 몇 개 더 집어 파사삭, 경쾌한 소리를 내며 먹는다. 밥상 위의 행복 나눔 플레이다. 어릴 적 김치의 푸른 잎을 좋아하는 동생과 흰 잎을 좋아하는 내가 사이좋게 나누어 먹던 그 밥상처럼. 음식에 하나둘 얹히는 추억들이 참 달큰하구나, 자알 익은 가을무 맛 같다.

"마이 싸이 팍치!"

쌀국수

"마이 싸이 팍치"

동남아시아에 놀러 간 우리나라 여행객들이 입에 달고 다니는 소리다. 태국이나 베트남 사람들이 즐겨 먹는 쌀국수나 덮밥에는 어김없이 들어가는 초록색 잎채소 '팍치'를 빼 달라는 소리다. 이 주문을 자칫 잊어버린 순간, 비누 향도 향수 향도 아닌 희한한 냄새로 덮어버린 국물을 울며 겨자 먹기식으로 마셔야 한다고 선배 관광객들은 누차 충고한다.

팍치는 고수를 말한다. 고수는 우리나라의 미나리를 닮았지만, 그 향은 영 낯설다. 콧속을 '팍'하고 '치'는 향이라고 할까. 그 냄새를 역겹게 여겨 '빈대풀'이라고 부르는 우리나라와 달리, 세계의 많은 민족이 즐겨 먹는 게 고수다. 특히 더운 나라에서는 거의 모든 요리에 들어가는데, 고수에 세균 번식을 막는 성분이 있어 음식이 쉬이 상하지 않게 하기 때문이다. 그러니, 동남아 여행 중 만나게 되는 그 특유의 냄새는 참 기특하고 고마운 냄새이다.

나에게도 '마이 싸이 팍치'의 아찔한 순간이 있었다. 한 움큼 집어 먹는 순간 코와 입을 압도해버린 그 요리, 한 스님이 만들어 준 고수나물 무침이었다. 우리나라의 베트남 음식점에서는 고수를 쌀국수 위에 얹지 않고 따로 주문해야만 가져다준다. 좋아하는 사람은 수북하게 넣어 그 독특한 향을 즐기지만 싫어하는 사람은 베트남 음식점에 들어서기만 해도 질겁한다. 그래도 나는 국수 위에 조금 얹어 향을 즐길 정도는 되었을 때인데, 그래도 고수나물은 영 어려웠다. 스님의 정성을 배반할 수 없어 한 접시를 다 비우긴 했지만.

우리나라에서는 가정집에서 고수를 요리해 먹는 일은 흔하지 않고 그나마 전라도와 경상도 지역에서만 텃밭에서 조그맣게 재배해 먹곤 한다. 허나 스님들께서는 자주 드시는 채소다. "고수를 잘 먹어야 중노릇한다."라는 말도 있다. 수행 과정에서 끊기 어려운 식욕, 성욕과 같은 육체적 욕망을 영적 에너지로 전환해주는 게 바로 고수인 까닭이다. 처음에야 입에 쓸 테지만 이내 몸과 마음에 좋은 약이 되는 것이다. 출가한 지 얼마 안 된 어린 스님들이 코를 막고 고수를 씹는 표정을 상상하니 왠지 짠하기도 하다. 아찔한 향에 코가 얼얼해져서 사바세계를 향한 그리움도 잠시 잊어버릴 것 같다.

고수는 한방에서는 으뜸으로 치는 약재다. 옛 문헌에 전하길, "고수는 그 성질이 따뜻하니 소화가 잘되게 하고 오장을 편하게 한다. 빈혈을 고치고 대장과 소장을 편안케 한다. 또한 배의 기를 통하게 하고 사지의 열을 없애며 두통을 치료한다."라고 했다. 고수와 더덕을 같은 분량으로 섞어 진하게 달인 물을 장복하면 진딥선넘이 완화된다고도 한다. 또한 고혈압 약이나 거담제로 쓰이기도 한다. 참으로 다재다능한 식물, 바로 고수다.

　겨울비가 추적추적, 어쩐지 으슬으슬해 감기 걱정이 될 때 떠오르는 음식이 바로 고수 얹은 쌀국수다. 쌀로 뽑은 국수에 소화를 돕는 고수가 만나니 속이 편치 않을 때도 후루룩 잘 넘어가고 위장병이 있어 밀국수를 먹지 못하는 사람들에게도 권할 만하다. '포(Pho)'라고 불리는 쌀국수는 베트남 사람들이 간단한 아침 식사로 먹는 대중적인 음식이다. 우리나라에선 숙주와 양파 정도만 넣어 먹지만 베트남 사람들은 웬만한 채소는 다 넣고 심지어 상추까지 넣어 먹는 것도 봤다. 어떤 채소든 쌀국수 국물에 적시면 아주 맛있어진다.

　채식 쌀국수는 국물을 낼 때 닭이나 소고기 대신 채소를 쓴다. 물에 다시마와 양파, 표고버섯을 넣고 월계수잎과 통계피, 생강과 통후추를 띄워 푹 우린 국물은 면 없이 국물만 한 사발 마셔도 속이 풀릴 정도로 끝내주는 맛이다.

쌀국수

쌀국수 … 300g

채소국물(6컵 분량)
건표고 … 4개
배추잎 … 5장
다시마 (10×5cm) … 2장
월계수잎 … 2장
통계피 5cm … 1개
양파 … 1개
생강 … 20g
통추후 … 10알
국간장 … 2큰술
소금 … 약간

고명
실파, 레몬 슬라이스, 고수잎,
콩햄 또는 콩불고기, 숙주, 양파
피클, 홍고추 … 적당량씩

양념
국간장 … 2큰술
레몬즙 … 2큰술
설탕 … 1큰술
다진 홍고추·다진 청양고추·칠
리소스 … 조금씩

❶ 냄비에 생수 10컵과 분량의 채소국물 재료를 넣고, 양이 6컵 정도로 줄어들 때까지 중간 불에서 끓인 후 건더기를 건져내고 소금과 국간장으로 간을 맞춘다.

❷ 쌀국수는 물에 20분 정도 불려 두었다가 먹기 직전에 끓는 물에 살짝 데쳐낸다.

❸ 양파는 가늘게 채 썰어 식초, 소금을 넣고 피클을 만들어 두고, 레몬은 얇게 썬다. 실파는 송송 썰고 고수는 한입 크기로 뜯고, 콩햄도 한입 크기로 손질한다. 숙주는 씻어 물기를 제거한다.

❹ 분량의 재료를 섞어 양념을 만든다.

❺ 그릇에 데친 쌀국수를 놓고 뜨거운 채소국물을 부은 뒤 ❸의 고명을 골고루 올리고 ❹의 양념을 곁들인다.

쌀국수 시원하게 즐기는 법

채소국물에 얼음을 띄워 시원하게 먹어도 맛있는데, 이때는 국물을 좀 더 새콤달콤매콤하게 조절한다. 청양고추, 칠리소스, 레몬즙, 올리고당, 동치미 국물, 탄산수 등을 가미하면 좋다.

양파피클 만들기

양파 반개를 가늘게 채 썰어 식초 1큰술, 소금 1작은술을 넣고 잠시 절인다.

물에 불렸다 삶아낸 쌀국수를 큰 대접에 담고 채 썬 양파와 숙주를 수북하게 얹은 뒤 콩불고기도 몇 조각 올리고, 뜨거운 국물을 철철 부은 후 고수 몇 줄기를 얹으면 먹기도 전에 이미 뿌듯하다. 국수 아래에 숙주를 한 움큼 숨겨 두고 면을 먹다 보면 어느새 숙주가 먹기 딱 좋게 익어 있다. 먹기 좋을 정도로 아삭하게 익은 숙구를 씹어 먹는다. 숙주는 콩나물과 달리 처음부터 넣고 끓이지 않고 국물에 적셔 살짝만 익혀 먹는 게 제맛이다. 숙주는 성질이 찬 것이고 고수는 따뜻한 것이니 두 성질이 잘 조화된다. 찬 것은 따뜻한 것과, 따뜻한 것은 찬 것과 배합하는 것은 중화를 위한 음식궁합이다. 숙주는 또한 "한약 먹을 때 피하라."는 말을 할 정도로 해독기능도 탁월하므로 술꾼들에게 뜨끈한 쌀국수 한 대접은 약처럼 귀할 듯하다.

생기가 돌아오는 소리 "스읍!"

모둠피클

부엌의 만능해결사, 식초. 위급할 때 달려와 주는 119구급차처럼 식초도 급한 상황마다 제 몫을 톡톡히 한다. 다시마를 부드럽게 삶고 싶을 때도, 겨자를 개어 오래 보관하고 싶을 때도, 오이의 쓴맛을 없애고 싶을 때도, 연근과 우엉, 감자처럼 흰 채소의 갈변을 막고 싶을 때도 찬장 속 식초병은 어김없이 출동한다. 식초를 옅게 희석한 물에 시들시들한 채소들을 십오 분 정도 담가두면 멋지게 부활한다. 풀 죽었던 잎들이 꽃잎이 피어나듯 서서히 되살아나는 광경을 바라보는 것은 요리사의 큰 재미다. 채소뿐 아니라 내 손도 살린다. 토란을 다듬다가 손이 간질거릴 때도 식촛물이 유용하다. 왜, 사람도 그런 사람이 있잖은가. 하품 나오도록 지루한 상황 속, 조금 서먹서먹한 사람 사이를 단번에 생기 있게 변화시키는 사람. 그들은 산뜻한 유머로 무뚝뚝한 사람들조차 웃게 만든다. 부엌이 사람 세상이라면 식초는 바로 그런 사람일 거다. 친해지고 싶고 자꾸 보고 싶은 사람.

식초가 부엌의 재료들을 살리고 보존하듯 우리의 몸과 마음도 신맛으로 되살아나고 그 균형을 잡게 된다. 오미(다섯 가지 맛: 단맛, 짠맛, 신맛, 쓴맛, 매운맛)는 제각각의 역할이 따로 있다. 일반적으로 단맛은 긴장을 풀어주고 짠맛은 부드럽게 하거나 축축하게 하며 쓴맛은 열을 내리고 매운맛은 열을 올리며 발산하게 한다. 그리고 신맛은 '수렴'작용을 한다. 모든 느슨한 것들을 묶어주고 흩어진 것을 거두어들이는 일이다. 시큼한 레몬을 먹을 때 "습!"하고 입술을 모아들이는 모양을 떠올리면 쉽게 이해될 것 같다. 덥고 습한 날씨에 몸과 마음이 늘어지게 되는 동남아시아 지역에서 요리에 레몬을 자주 쓰는 이유가 여기 있다. 고온다습한 지역에서 탈수증, 만성 설사, 염증 등에 시달리지 않기 위해서는 레몬처럼 신 과일을 꼭 먹어주어야 하는 것이다. 그리고 당연히 자연의 섭리에 따라 이런 지역에서는 신맛 과일이 아주 잘 난다. 식물은 그 식물이 꼭 필요한 곳에서 많이 자라므로 제 지방에서 많이 나고 그 시기에 저렴한 과일과 채소를 먹는 게 가장 좋은 건강법이다.

신맛은 요즘 들어 특히 주목받고 있는 맛이기도 하다. 환경오염과 항생제의 남용으로 균형을 잃은 몸의 탁한 에너지를 씻어주어 건강한 내부 환경을 재정립하는 데 중요한 역할을 하기 때문이다. 이런 신맛이 주가 되는 요리가 있으니, 바로 모둠피클이다. 피클 하면 파스타나 피자에 곁들여 먹는 서양식의 오이, 할라페뇨, 무피클을 떠올리지만, 이 피클은 재료도 색깔도 맛도 다르다. 우리 주변에서 쉽게 구할 수 있는 오이와 무를 기본으로 넣고 파프리카, 우엉, 연근에 야콘까지 구할 수 있는 채소들을 몽땅 넣는다. 채소들의 색과 씹는 맛이 제각각이니 다양하게 넣을수록 눈과 입이 즐겁다. 피클을 담글 때 미니 파프리카처럼 조그만 재료는 썰지 않고 통째로 넣어도 좋겠다. 채소의 고운 모양이 살아 있으니 보기에도 예쁜데다 어떤 재료건 되도록 칼을 대지 않아야 영양이 보존되어 좋기 때문이다. 커다란 피클을 총각김치 먹듯이 통째로 들고 깨물어 먹는 맛도 쏠쏠하고 말이다.

준비된 싱싱한 채소에 간장, 식초, 원당을 넣고 끓인 장을 부어 삭히면 맛있는 모둠피클이 된다. 이 장이 좀 색다른데, 버섯과 무, 양파, 다시마와 채소국물까지 넣고 끓이니 깊은 감칠맛이 돌아 이것만 있어도 밥이 잘 넘어간다. 장에 담근 오이는 30분이면 먹고 나머지도 2~3일이면 딱 알맞게 삭는다. 잘 삭은 모둠피클은 무더운 여름철에 자주 찾게 된다. 장아찌보다 짜지 않아 부담 없고, 간장이 양념장의 기본이라 서양식 피클보다 친숙한 맛이다.

차가운 물에만 현미밥에 올려 먹으면 더위에 지쳐 나갔던 입맛이 바로 돌아온다. 갑자기 비빔국수가 당길 때도 모둠피클만 있으면 걱정 없다. 쫄깃하게 삶아 찬물에 씻어 건진 소면을 동글게 말고 피클 국물을 뿌린 뒤 다진 피클을 고명 삼아 얹는다. 잘 비벼서 한 젓가락 크게 말아 입에 넣었나 싶은데, 어느새 한 대접이 말갛게 비어 있다.

또 피클은 채소 샐러드의 드레싱으로도 좋고 볶음이나 튀김 요리에 곁들여도 개운해서 좋다. 부엌의 만능해결사 식초가 밥상 위 만능해결사로 재탄생했다. 바로 모둠피클이다

모둠피클은 재료와 조리법이 단순한 음식인 만큼 간장, 소금, 원당, 식초의 맛이 포인트다. 간장은 집에서 손수 담근 장이 좋은데 여의찮다면 유기농 가게에서 사고, 설탕도 소금처럼 정제된 것은 해로우니 유기농 사탕수수에서 당을 뽑아낸 원당을 쓴다.

채소 중에서 무는 잎사귀에 영양이 많으니 피클을 담고 난 무청은 버리지 말고 된장에 지지거나 기름에 볶으면 맛있게 먹을 수 있다. 무뿌리도 아래쪽은 비교적 매운맛이 강하므로 피클에 쓰고 몸통은 단맛이 강하니 국이나 조림에 쓰는 식으로 용도에 맞게 적당히 구분해 쓰면 좋다.

모둠피클

가지·야콘·오이 … 2개씩
연근 … 1개
무 … 1/4개
빨강·주황·노랑 파프리카 색깔별
로 … 1개씩
청·홍고추 … 4개씩
깻잎 … 1단
셀러리 … 2줄기

소스
간장:식초:원당 1:1:1의 비율로
준비
통후추 … 20알
사과 … 1개
생수 … 조금

❶ 채소는 깨끗이 씻어 물기를 뺀 뒤 큰 재료는 반
으로 자른다.

❷ 분량의 소스 재료를 냄비에 담고 끓으면 약불로
줄여 잠시 더 끓인다.

❸ ❶의 손질한 재료를 항아리에 담고 ❷의 소스가
뜨거울 때 부어, 식으면 냉장고에 보관한다.

❹ ❸을 며칠 숙성시킨 후 먹으면 되는데, 재료에
따라서 소스가 배는 정도가 다르므로, 깻잎, 셀
러리, 파프리카, 사과 등 여린 재료들부터 먹는
것이 좋다

피클 활용하기

• 피클 국물은 냉면이나 샐러드, 비빔국수의 양념으로 활용
한다.

• 피클은 볶음, 국수 고명, 튀김의 곁들임, 밑반찬, 드레싱 속
재료로도 사용할 수 있다.

• 색깔이 고운 채소는 간장 대신 소금으로 맑게 피클을 담가
도 좋다. 식초와 설탕 비율은 입맛에 맞게 조절한다.

• 서양식 피클을 담그려면 월계수잎, 로즈메리, 바질, 타임, 통
후추, 레몬그라스, 민트 등을 가감한다.

• 피클 국물만 따라 걸러내어 한 번 더 끓인 뒤 식혀서 다시 부
어주면 피클에 곰팡이가 피지 않는다.

모든 밥이 약이다

배추양생탕

배추를 보면 그렇게 사고 싶다. 이미 손에 든 장바구니가 무거워 배추 장수를 외면해 보기도 한다. 그런데 집에 돌아올 때 보면 어느새 묵직한 배추 몇 포기가 여지없이 들려 있더라. 팔은 아파도 뿌듯한 마음. 이런 '배추 바보'가 없다. 사 온 것을 늘어놓을 때도 우선 배추부터다. 커다란 통배추는 정말 요리하는 맛이 있다. 서걱서걱 썰어 끓인 배추된장국은 단연코 가을의 별미다. 한 장씩 벗겨내도 끝없이 새잎이 나오니 몇 냄비를 끓여 먹을 수 있다. 뜨끈한 국물에 현미밥 한 공기 말아먹으면 쌀쌀해지는 바깥 날씨에도 겁 없이 나가게 될 정도로 든든한 배춧국. 매일의 밥상에서는 배추전골, 배추무침, 배추샐러드, 배추볶음, 배추전 등 화려한 배추의 변신을 볼 수 있다. 맛과 성질이 순하고 담박하니 다양한 양념과 조리법에 무리 없이 어울리는 재료라서 늘 두고 먹어도 좀체 질리지 않아 더 좋다. 출출할 때면 이 배추를 길게 찢어서 간식처럼 먹기도 하는데 참 달고 고소하다. 배추는 물이 많은 채소라 갈증이 날 때 음료 대신에 우물우물 씹고 다니기도 한다.

배추의 여리고 노란 잎을 떼어내 구기자를 올려 보그르르 끓여내는 배추양생탕. 하얀 배춧잎 위에 살포시 올라앉은 구기자 열매들이 빨간 루비 알처럼 보이기도 한다. 숟가락을 대기도 전에 이미 눈이 실컷 호강한다. 여기에 푸릇한 쑥갓을 썰지 않고 길쭉한 그대로 얹으면 색의 조화가 더욱 아름답다. 이렇게 백색과 적색, 청색의 어울림이 살아있는 이유는 채소의 순수함을 살려 맑게 끓이기 때문이다. 그 자체로 좋은 재료들은 센 양념을 칠 필요가 없다. 본디 아름다운 것에 얼룩덜룩 칠을 하는 격이랄까. 물론, 기후의 변화나 먹을 사람의 건강 상태에 맞춰 맵거나 단 양념을 더 하기도 한다. 예컨대 배추가 시들어 맛과 모양이 이전만 못 할 때는 그 색을 가리는 양념을 더 하는 게 좋다. 요리하는 사람이 항상 모든 변화에 촉각을 세워 알아서 더하고 뺄 일이다. 그러니 재료를 잘게 썰거나 간을 세게 하지 않고 끓여내는 이 탕은 달고 싱싱한 배추와 구기자, 쑥갓을 마련하는 데 신경을 좀 써야 한다. 그렇게만 하면 정말 맛있다.

스트레스를 받아 기가 떨어질 때나 몸살기가 있을 때 이 배추양생탕은 특히 매력적이다. 으슬으슬 춥고 온몸이 쑤실 때는 나도 모르게 부엌에 서서 배추를 다듬고 있다. 아이고, 요리사 팔자야. 그래도 배추는 질기지 않아 금세 익으니 얼른 들고 와 따뜻한 방에서 마실 수 있다. 구기자의 은은한 향기에 기분이 좋아지고 재료에서 우러나온 따뜻한 국물이 속을 풀어준다. 요즘 유행하는 '아로마테라피'요, 우울증 치료제요, 감기 뚝 떨어뜨리는 약이 이 탕이다. 약상자 대신 배추 한 통, 주사 대신 구기자 몇 알이랄까. 그런데 약이라고 다 같은 약이 아니고 이 음식은 약 중이 야, '상약'이다. 본래 한방에서는 약을 상약과 중약, 하약의 세 종류로 나누는데 '상약'은 아무리 많이 먹어도 해가 없고 몸을 보하는 최고의 약을 말한다. 매일의 밥상이 몸과 마음을 건강하게 하는 재료로 구성돼 있으면, 이게 바로 상약이다. "밥이 보약"이라고 할 때의 '보약'이 '상약'을 뜻한다고도 볼 수 있다. 중약은 몸이 일시적으로 허해졌을 때 먹는 보약을 뜻하고, 하약은 성분이 강해 치료를 위해 쓰지만 오래 먹으면 해가 되는 약을 뜻한다. 그러니, 중약과 하약을 먹지 않으려면 늘 집에 상약을 두고 먹어야 한다. 약이 되는 밥상을 차려야 한다는 말이다.

배추양생탕에 들어가는 구기자는 예로부터 한방에서 상약으로 쳐서 귀하게 여겼다. 《본초서》에도 구기자는 "성질은 시원하고 맛은 달며 간과 신장에 좋으며 눈을 밝게 한다."라고 돼 있다. 현대의학에서도 구기자 속 '베타인'이라는 성분이 시력 보호에 좋으며 간을 이롭게 해 피로 해소에도 특별한 효과를 나타낸다고 알려져 있다. 요즘에는 그 효능이 더욱 높이 평가돼 주위에 구기자차를 장복하는 사람들도 꽤 늘어났다. 고혈압과 저혈압 등 혈압에 문제가 있는 사람에게 특히 이롭고 불임증과 입덧을 치유한다. 구기자와 뽕잎 달인 물로 두피를 헹구면 머리 빠짐을 줄여준다니 탈모인들에게도 꽤 반가운 약이다. 아침마다 마와 함께 갈아 마시면 나이가 들어 부족해지는 양의 기운을 보충해 준다니 중년에 들어선 남자들에게도 이롭겠다.

배추도 질 수 있겠나. 오랜 세월 동안 사랑받은 귀한 재료라선지 옛 책에서는 배추가 '소백채, 유백채, 청채대, 백체채, 황아백채'등 여러 이름으로 불렸다. '숭'이라고도 불렀는데 이 이름의 유래가 재밌다. "숭은 겨울을 견디고 늦게 시들며 사철 어디에서나 볼 수 있어 소나무의 지조가 있다. 그래서 풀 초(草) 밑에 소나무 송(松)자를 써 숭(菘)이라 한다."《비아》). 옛사람들이 절개와 지조의 상징으로 여긴 소나무에 비견될 정도였다니 그저 흔하고 질박한 채소로만 여겨온 게 미안할 정도다. 귀하신 몸, 배추를 구기자와 끓이면 서로의 좋은 성질이 만나 음식 궁합을 이룬다. 구기자의 단맛과 배추의 단맛도 제 성질을 돋보이려는 것 없이 순하게 한 그릇 안에서 어울린다.

매일 먹어도 물리지 않을 정도로 맑고 개운한 배추양생탕. '불로장생약'이라고도 불렸던 약재 구기자를 넣었지만, 굳이 '약선요리'라고 거창한 이름을 붙이고 싶지는 않다. 그저 오늘과 내일, 모레의 모든 밥상이 약이 되는 게 더 '상약'이라고 보기 때문이다. 소울푸드가 본래 맛이 아니라 생명력을 위주로 하는 음식이니, 이 밥은 약이고 저 밥은 약이 아니라 나누지 않겠다. 모든 밥이 약이다. 자연이 명의이고 자연이 차린 식탁이 명약이다. 병원과 약국 대신 채소가게를 찾아 잘생긴 배추 한 통 사 들고 오는 발걸음, 사뿐사뿐 행복하구나!

배추양생탕

알배기 배추(작은 것) … 1통
구기자·둥굴레·황기 … 각 50g씩
다시마(10×5cm) … 2장
건표고 … 4장
생강 … 1톨
대추 … 10개
밤 … 6개
생수 … 10컵 정도
간장 … 2큰술
후춧가루·소금·쑥갓 … 조금씩

❶ 다시마는 생수에 넣어 1시간가량 불린다.

❷ 생강은 편을 썰고, 건표고, 구기자, 둥굴레, 황기
   는 깨끗하게 씻는다.

❸ ❶의 다시마 우린 물에 ❷의 손질한 재료를 넣은
   다음 중불에서 50분 정도 끓인 뒤 건더기를 건져
   내고 밤, 배추를 순서대로 넣어 한 번 더 끓인다.

❹ 간장으로 색과 향을 내고, 소금으로 간을 맞춘
   뒤 후춧가루를 조금 넣고 마무리한다.

❺ ❹를 뚝배기에 담은 뒤 구기자, 대추, 밤, 쑥갓 등
   을 보기 좋게 올린다.

왕을 위해 채식!

버섯스테이크

타임머신이 발명된다면 누구는 어린 시절로 돌아가 공부를 열심히 한다고 하고 누구는 화폐와 문자가 없던 시절로 돌아가 진정한 자연인으로 살아보고 싶다고 한다. 나는 무얼 할까? 하고 싶은 일은 많지만 우선 떠오르는 것은 세종대왕의 숙수가 되어 그에게 다양한 건강 음식을 해 올리고 싶다. 이런 엉뚱한 상상을 하게 된 것은 세종의 식생활에 대한 재미있는 글을 읽고 나서부터다.

인자한 표정에 대비되는 날렵한 턱선, 단정한 자세로 묘사되는 초상화 속 세종. 그러나 실제 세종은 이보다는 좀 더 후덕한 인상에 통통한 체격이었을 성싶다. 현대적으로 해석한 세종에 대한 드라마 덕분에 화를 잘 내고 욕도 잘하는 성격까지는 알려졌지만, 그 역을 맡았던 한석규 배우의 체격으로는 어림도 없다. 외람된 말씀이지만, 실제 세종의 외양은 먹방대가 정도의 우람한 몸피였을 것이다. 한마디로 세종은 요즘의 시선으로 보면 다이어트가 절실한 몸매의 소유자였을 것이다.

세종의 비만은 소선의 비극이었다. 단연코 조선 최고의 성왕이자, 현대인들도 세종을 위대한 리더로 존경하니, 우리에게도 그의 건강관리는 안타까운 대목이다. 세종은 육식 마니아여서 고기가 없으면 수라를 들지 않을 정도였다 한다. 《조선왕조실록》에 따르면 세종의 아버지 태종이 죽기 전 이런 말도 남겼다.

"주상이 고기가 아니면 식사를 못 하니 내가 죽은 후 상중이라도 주상에게 고기를 들게 하라."

추측하건대, 세종은 이미 젊은 나이에 과도한 육식으로 피가 탁하여 혈액의 농도는 올라가고 수분대사는 잘 이뤄지지 않게 됐을 것이다. 그뿐만 아니라 세종은 굉장한 대식가였고 운동을 싫어했으며 평소에는 앉아서 책을 보거나 경연을 하거나 정책을 고심하곤 했다. 지금으로 치자면 야식에 간식까지 챙겨 먹으며 주말마다 부모님의 손에 이끌려 보양요리를 먹고, 수면시간 빼고 책상 붙박이로 살아가는 대한민국 고3의 생활이 그의 일생이었달까. 지독한 독서열도 한몫했을 것이다. 당연히 그의 일생은 온갖 병의 집합이었다. 《세종실록》에 따르면 무려 50가지의 병을 앓았다고 한다. 20대부터 이질과 두통으로 고생하고, 30대 중반에는 종기와 풍병을 앓았다. 훈민정음을 반포할 당시에는 이미 눈앞의 것을 구분하지 못할 정도로 안질을 앓았다. 세종은 쉰넷에 승하하기까지 비만, 각기병, 당뇨병과 그에 따른 합병증에 시달렸다. 그런데도 단 하루도 정무를 쉬지 않았다는 사실이 더욱더 감동적이다.

그렇다면 세종이 육식을 즐기게 된 배경은 무엇이었을까. 확실치는 않지만, 추론의 중요한 변수로 세종의 생년을 들 수 있겠다. 세종은 형과 연년생으로서 열 달을 미처 채우지 못하고 태어났다. 백일 전에 사망하는 아기들이 수두룩했던 조선 시대에 심지어 왕자가 미숙아라니, 궁궐 안의 걱정과 염려가 눈에 보일 듯하다. 게다가 태종은 이전에 이미 세 아이를 잃었고 밖으로는 정도전의 감시에 시달리고 있었다. 병약한 왕자를 살릴 방법은 화려한 밥상이라고 믿지 않았을까 상상해 본다.

세종이 다양한 채소와 곡물이 풍성한 밥상을 즐기고 규칙적으로 운동을 했다면 적어도 이십 년은 더 살지 않았을까? 그랬다면 백성들의 태평성대가 더욱 이어지고 문화도 더 융성해졌으리라. 그 시절 사람들이 단명했다지만 장수한 임금도 많았다. 일례로 조선의 최장수 왕이었던 영조는 무려 여든셋까지 살았다. 그의 장수 비법은 '거친 음식을 적게 먹기'였다. 실록에 따르면 그는 채식 위주의 수라를 들었고 하루 다섯 번인 수라를 세 번으로 줄인 소식주의자였다고 한다. "내가 일생토록 거친 음식을 먹으니, 사도세자도 경계하기를 '스스로 먹는 것이 너무 박하니 늙으면 반드시 병이 생길 것이다' 하였지만 나는 지금도 병이 없으니 먹는 것이 후하지 않았던 보람이다."라고 하기도 했다. 재밌는 것은 영조가 미천한 신분의 어머니에게서 태어났기 때문에 이러한 식성을 가지게 됐다는 사실이다. 정통 왕세자 교육을 받지 못한데다가 십 대 후반에서 이십 대 초반까지는 사가에서 살며 일반 백성의 식단을 경험했던 영조. 귀하게 자란 세종의 유년기와 대조되어 흥미롭다. 아이 성장을 위한다며 우유와 달걀, 동물고기를 먹여 비만과 소아 당뇨, 아토피를 키우는 부모들에게 귀감이 될 역사 이야기인 듯하다. 박한 음식, 거친 음식이 아이를 길고 건강한 삶으로 이끈다는 사실을 왕들을 보며 배운다.

고기의 향과 맛을 좋아하는 세종의 입맛도 사로잡을 음식이 있다. 채식인들에게 인기 만점인 버섯스테이크다. 채식 뷔페에서도 버섯스테이크는 내놓자마자 금세 동이 나곤 한다. 두부와 버섯, 견과, 콩단백을 재료로 간장으로 맛을 낸 버섯스테이크 패티를 해바라기씨유와 참기름을 섞어 두른 팬에 지진다. 갈색으로 지져진 패티에 복분자 효소를 넉넉히 부어 익히면 그 향기가 심히 황홀하다. 침이 고인다. 어린잎채소와 버섯을 곁들여 흰 접시에 보기 좋게 장식해 내면 고기만 찾던 세종도 "이게 무엇이냐? 씹을수록 고소하고 감칠맛이 그만이구나!"하며 기뻐하시지 않았을까? 백성을 그토록 긍휼히 여겼던 어진 임금님은 동물의 고통과 생명에 관한 이야기에도 귀 기울여 주었을 것 같다. 세종이 현대에 태어났다면 분명 채식인이 되었을 거라고 나는 믿는다.

버섯스테이크

채식스테이크 패티 … 2장
느타리버섯·양파·애호박·가지·노
랑 파프리카·초록 파프리카
… 각 30g씩
참기름·후춧가루·소금·어린잎채소
… 조금씩
발사믹크림 … 적당량

소스(함께 갈아준다)

복분자효소 … 1컵
파인애플 … 200g
레몬즙 … 5큰술

TIP 복분자소스 대신 발사믹크림과
채식스테이크소스로 대용할 수 있다.

❶ 스테이크는 해동한 뒤 해바라기씨유와 참기름을
두른 팬에서 노릇하게 양면을 지진다.

❷ ❶에 복분자효소와 발사믹크림을 넣어 양면을
조린다.

❸ 채소와 버섯은 길게 채 썬 다음 기름을 두른 팬에
살짝 볶은 후 소금·후춧가루를 넣어 간을 한다.

❹ 접시에 ❸의 볶은 채소와 버섯을 적당량 담은 뒤
❷의 지져둔 스테이크를 올리고 발사믹크림을
뿌린 다음 어린잎채소를 보기 좋게 곁들여 낸다.

채식스테이크 패티

채식스테이크 패티는 채식쇼핑몰이나 채식식당에서 살 수 있
으며 주성분은 콩단백과 버섯이다. 직접 만들어 사용하면 더
욱 좋다.

• **채식스테이크 패티 만들기:** 두부, 버섯, 콩단백 불린 것, 연
근, 견과류를 분쇄기에 넣어 거칠게 간 뒤 믹싱볼에 담고 소
금, 간장, 후춧가루, 참기름, 채식시즈닝, 전분가루, 찹쌀가
루, 양파가루, 생강가루 등을 넣어 섞은 후 둥글게 성형한다.
잘 빚은 패티를 김이 오른 찜 솥에서 살짝 찌거나 오븐에서
구운 뒤 식으면 냉동 보관하며 사용한다. 사용할 때는 해동
후 조리한다.

*복분자효소 만들기 141쪽 참조.

신통방통한
전골 이야기

자양강장전골

훤칠한 왕의 자태를 훔쳐보며 저희끼리 수군대던 세 명의 궁중 나인들, 가던 길 멈추고 우뚝 선 왕이 자신들을 돌아보자 잔뜩 설레서는 무슨 일일지 기대한다.

"소주방 나인들이냐?"

유치원 아이들처럼 입을 모아 답하는 나인 셋.

"그러하옵니다."

"아침 수라에 또 전골이 올라왔더구나."

정성껏 올린 전골이 맛있었다는 칭찬인 줄 알고 부푼 표정으로 또 대답한다.

"그러하옵니다."

"그러하면 과인은 전골만 먹다 죽으란 말이냐? 한 번만 더 전골을 올릴 시엔 경을 칠 것이다. 그리한 줄 알라!"

사극 드라마 〈해를 품은 달〉의 한 장면을 보고 한참을 웃었다. 사정은 이랬다. 젊고 잘생긴 왕을 흠모하던 나인들이 "아침 수라에 올린 전골이 아주 맛있었다."라는 한 마디에 들떠 '저 미소를 볼 수만 있다면 매일매일 전골만 올릴 거야!'라고 뜻을 모아 한 일이었던 것. 물론 퓨전 사극이기 때문에 가능한 장면이었을 터. 조선 시대 왕의 밥상은 일개 나인들이 좌지우지할 수 있는 사적인 것이 아니었다. 수라상은 나라의 지아비인 임금의 건강을 책임지는 엄중한 무게를 지닌 상이었다. 음양오행과 의식동원(醫食同源: 의약과 음식은 근원이 같다.)을 바탕으로 한 양생이었다. 또한 왕이 지방 곳곳이 풍년인지 흉년인지를 두루 짐작할 수 있는 언론이었고 백성이 먼 곳의 왕에게 전하는 무언의 메시지였던 게 바로 왕의 밥상이다. 하루에 다섯 상을 차리고 그 상이 모두 음양오행의 이치에 따라 균형을 이뤄야 하며 각 지방 특산물을 고루 놓아야 했던 궁궐 숙수들의 고충을 짐작할만하다.

다시 전골 이야기로 돌아와 본다. 한 종류의 전골만 올리지 말고 각종 채소와 버섯을 달리하고 국물 맛도 맵거나 개운하거나 구수하게 바꿔가며 여러 전골을 올렸다면 나인들은 혼쭐이 나는 대신 장하다고 칭찬을 받지 않았을까. 원기 회복에 좋고 맛도 구수한 자양강장전골을 올렸다면 왕의 호통도 멈추었을 듯싶다. '자양 강장'하면 약국에서 사먹는 드링크제를 연상하는 사람이 많은데 이미 지친 간에 이런 음료를 마신다고 근본적인 문제가 해결되지는 않는다. 많이 마실 경우 도리어 간이 고농도의 약물을 처리하려다 지쳐버리기도 하니 문제다. 이럴 때는 음식으로 순하고 자연스럽게 쌓인 피로를 풀어주는 게 좋다. 둥굴레를 기본으로 은행, 밤, 단호박, 버섯, 호두, 쑥갓, 브로콜리를 넣어 구수하고 개운하게 끓인 자양강장 전골이면 낮춤하나.

맛이 달고 구수해서 차로도 즐겨 먹는 둥굴레는 한방에서 '황정'이라 부르며 《동의보감》에서도 태양의 정기를 받은 생약으로 첫 번째에 둔 약재다. 원효대사가 도를 닦을 때 기를 회복하기 위해 먹었다고 전해질 정도로 귀하게 여겨져 왔다. 감기 전후로 피로할 때 장복하면 좋고 땀을 많이 흘려 고생스러운 사람이 많이 먹으면 다한 증상이 나아진다고 한다. 둥굴레나 말린 표고버섯, 대추 등은 요리할 때 넣으면 몸을 편안히 하는 약이 되지만 그 성질은 순하므로 원하는 만큼 많이 넣어 먹어도 괜찮다. 평소보다 예민해서 잠을 못 이루는 때라면 대추를 몇 알 더 넣어 먹으면 좋은 식이다. 다만 칡처럼 향과 성질이 강한 것은 조금만 넣어 먹어야 효능을 발휘한다.

친구가 찾아왔을 때 평소보다 허해 보이면 얼른 이 전골을 끓여 내온다. 뜨거운 국물을 후후 불며 먹는 동안 벌써 몸에 기가 돌고 얼굴빛이 좋아지는 벗을 바라보는 동안의 기쁨이라니! 전골의 효능 때문이기도 하겠거니와 먹을 이를 위하는 간절한 마음이 요리에 좋은 파동 에너지로 들어간 작용도 있을 것이다. 돌아가서 "몸이 아주 편안해졌어요."라는 문자 메시지를 보내오면 또 바라보고 흐뭇하게 웃는다. 깔끔하고 개운한 국물 맛에 늘 답답하던 속이 확 풀어졌다는 이야기도 한다. 기름기라곤 없고 담백한 맛의 전골은 처음 봤다며 놀라는 사람도 있다. 맵고 짠 전골에 익숙했던 사람이 순한 요리에 맛을 들이는 촉매제가 돼 주기도 하는 이 전골. 참으로 신통방통하다.

신선들이 먹는 음식이라는 둥굴레

둥굴레(황정)는 예부터 '신선이 먹는 음식'이라 칭할 정도로 좋은 향과 효능을 지녔다. 강장, 자양 성분이 많이 함유된 만큼 몸이 허약한 사람에게 좋다. 남녀를 불문하고 피로와 허약을 호소하며 이유 없이 팔, 다리가 쑤신다거나 식은땀과 열이 나는 이에게 이롭다. 또한 입안이 마르면서 갈증이 있고 소변을 붉게 보면서 시원함을 느끼지 못할 때 말린 둥굴레를 뜨거운 물에 우려 꾸준히 복용하면 탁월한 효과를 볼 수 있다. 혈압을 낮추는 작용을 하며 장기간 복용하면 혈색을 좋게 한다. 열 많은 체질에는 맞지 않는 인삼과 달리 체질에 상관없이 잘 어울린다는 것도 큰 장점이다.

자양강장전골

채소국물 … 10컵
쌀국수 … 120g
율무 … 1/2컵
캐슈너트 … 20개
대추·호두·은행 … 10개씩
밤 … 8개
표고 … 4장
브로콜리 … 60g
단호박·두부·둥굴레 … 50g씩
당귀 … 20g
생강(편 썬다) … 1톨
국간장 … 2큰술
소금·후춧가루·쑥갓 … 조금씩

❶ 채소국물에 당귀, 둥굴레, 대추, 생강편을 넣고
   중약불로 50분쯤 끓인 후 건더기를 건져낸다.

❷ 표고, 단호박, 두부, 브로콜리는 한입 크기로 썬다.

❸ 쌀국수는 물에 불렸다가 끓는 물에 데쳐 냉수에
   헹군 다음 채반에 받쳐 물기를 뺀다.

❹ ❶의 국물에 ❷의 준비한 재료와 율무, 캐슈너트,
   호두, 은행 등을 넣고 끓이다가 국간장과 소금으
   로 간을 맞춘 후 후춧가루를 넣고 마무리한다.

❺ 쑥갓을 올리고 쌀국수를 조금 곁들여 낸다.

채소국물 만들기

재료

셀러리 … 200g, 양파·당근 … 1/2개씩,
월계수잎 … 2장, 마늘 … 2톨, 통후추 … 10알

만들기

물 1ℓ에 분량의 재료를 넣고 물이 끓으면 중약불에서 30분가
량 끓인 뒤 건더기를 건져낸다. 진한 풍미를 원하면 채소 재료
들을 살짝 볶아 사용한다.

음식도, 맛도
골고루

똠얌수프

뒤척이느라 잠을 제대로 못 자고 멍한 날이면 정신이 확 드는 음식을 먹고 싶어진다. 똠얌수프처럼 맵고 시원한 국물을 쭉 마시면 의욕도 솟고 팔다리에 힘도 들어갈 것 같다. 내가 이런 말을 하면 누군가 눈을 동그랗게 뜨고 묻는다. "매운 것도 막 드세요? 몸에 나쁘잖아요. 간도 안한 음식만 드시며 도 닦으실 것 같은 분이". 그럴 때면 웃으며 "네. 매운 것도 먹고 커피도 마시고 유기농 채소 아닌 것도 잘 먹고요. 끼니를 거를 때도 많습니다. 그래도 건강하지요?" 한다.

공포와 고통의 기운을 지닌 고기를 피하고 맑은 에너지를 지닌 채소를 먹으면, 굳이 유기농이 아니어도 족하다. 채식할 때는 특히 편식하지 않고 다섯 가지 맛(오미)을 고루 먹으면 된다. 물론 위벽을 다치게 하고

장을 뒤틀리게 할 정도로 비정상적으로 매운 음식을 먹어선 안 된다. 요즘 유행하는 캡사이신 들이부은 '화끈한 음식'들은 위장 건강도 화끈하게 버려주니 피해야 한다. 그런 것만 아니라면 모든 맛은 그 맛 고유의 좋은 점이 있으니, 감사하며 고루 먹으면 된다.

옛 어른들은 이렇게 전했다.

"짠맛을 많이 먹으면 혈관이 상하고 쓴맛이 과하면 피부가 건조해지고 털이 빠진다. 매운맛을 많이 먹으면 힘줄이 경직되며 강한 신맛은 주름이 늘고 입술이 벗겨진다. 단것을 많이 먹으면 뼈가 아프고 머리가 빠진다."

이는 각 맛을 과식할 때의 이야기다. 사람이 먹을 수 있는 양은 한정돼 있으니, 한 가지 맛을 너무 많이 먹지 않을 방법은 다른 네 가지의 맛도 골고루 먹으면 된다. 모든 맛을 1:1:1:1:1로 먹으면 어느 한 가지 맛이 그 이상으로 커질 일이 없지 않은가. 그러니 무슨 음식이 좋다, 무슨 음식이 나쁘다는 광고나 기사에 흔들리지 말고 각 계절에 나는 음식을 다양한 조리법으로 요리해 먹으면 자연스럽게 건강이 좋아진다.

타이 똠얌수프는 한 가지 그릇 안에 여러 가지 맛이 공존하고 재료도 다양하게 들어있는 요리다. 처음 이 수프를 먹었을 때 첫 느낌은 '시큼하네'였다. 새빨간 국물 색깔만 보고 매울 줄 알았는데 의외로 레몬의 신맛이 톡 튀었다. 몇 번 더 먹으니 '참 오묘하구나' 싶었다. 시큼한가 싶은데 짭짤하고, 매콤한가 싶은데 끝맛은 달콤했다. 후에 들으니 매운맛, 신맛,

짠맛, 단맛 네 가지 맛이 나는 이 수프가 세계 3대 수프 중 하나란다. 그럴 만도 한 게 처음 먹을 땐 오묘하고 애매한데 영락없이 중독된다. 태국에서 처음 먹어 본 후 그 당시에는 우리나라에서 이 음식 재료를 구하기가 힘들어 얼마나 안타깝던지.

세계인의 사랑을 받는 3대 수프 요리라는 프랑스의 부야베스, 중국의 샥스핀 수프와 더불어 똠얌꿍. 채식인들도 맛의 즐거움을 누리고 살아야 할 텐데, 부야베스는 생선이 주재료고 샥스핀은 지느러미만 취하고 다친 상어를 내버려 죽게 하는 폭력적인 요리니, 그중 권할 만한 것은 똠얌꿍이 유일하다.

태국 음식에 '똠(Tom)'이라는 단어가 붙으면 끓이는 찌개 종류를 뜻하는 이며, '꿍(Kung)'은 새우를 가리키는 말이니 똠얌꿍에서 '꿍'만 살짝 빼 버리자. 똠얌수프는 채소국물로 국물 맛을 내고 피시소스를 뺀 채식 똠얌페이스트로 맵고 짜고 단 맛을 살리고 라임주스로 신맛을 낸다. 거기에 레몬그라스와 라임잎 등으로 그윽한 허브 향을 더하니 끓이는 도중에도 식욕을 자극해 연신 떠먹게 된다.

이 수프는 버섯과 채소를 듬뿍 넣을수록 국물 맛이 깊어진다. 태국에서는 큰 새우와 초고버섯, 고추, 고수잎 등만 넣지만 나는 납작납작 저민 연근과 가지, 새송이버섯, 당근도 넣고 국간장도 넣어 우리 입맛에 맞춘다. 우리나라에서 끓일 때는 우리 재료를 넣어야 맛도 나고 건강에도 좋

똠얌수프

채소국물 … 5컵
불린 건표고 … 2장
새송이버섯 … 1개
느타리버섯 … 40g
연근·당근 … 200g씩
레몬그라스 … 1대
생강 … 1톨
매운 고추 … 2개
라임잎 … 4장
라임주스 … 4큰술
국간장 … 2큰술
고운 고춧가루 … 1큰술
채식중화소스 … 2작은술
칠리고추 … 2개
고수잎·소금·후춧가루·채식버섯
시즈닝 … 조금씩

❶ 당근, 연근은 한입 크기로 썬다. 버섯들은 한입 크기로 썰거나 적당한 크기로 찢는다.

❷ 레몬그라스, 생강은 얇게 편을 썰고 고수잎은 적당한 크기로 뜯고, 칠리고추는 잘게 다진다.

❸ 팬에 기름을 두르고 고춧가루를 넣은 후 약불로 볶아 고추기름을 만든 후 ❶의 버섯과 채소들을 넣어 잠시 볶아준다.

❹ ❸에 채소국물을 부은 뒤 레몬그라스, 라임잎, 생강편, 라임주스를 넣어 끓이다가 간장, 소금, 중화소스, 채식시즈닝, 후춧가루로 간을 맞춘다.

❺ 그릇에 담고 고수잎과 칠리고추 다진 것을 뿌려 낸다. 국수를 삶아 같이 먹어도 좋다.

채식 똠얌페이스트 구하기

채식 똠얌페이스트는 대만이나 태국에서 나오는 제품이 있는데, 그 제품을 구할 수 있으면 좋다. 이태원 수입 상가에서 살 수 있다(비건 제품인 것과 아닌 것이 있으므로 성분표시를 체크해야 한다).

*채소국물 만들기 71쪽 참조.

은 법이다.

　레몬그라스, 갈랑갈과 매운 타이고추 등의 재료가 어우러져 끓여진 수프에 마지막으로 고수잎의 향까지 얹히면 비로소 태국에 온 듯한 기분이 된다. 문을 열고 나가면 더위에 지친 마른 개들이 거리에서 낮잠을 자고 있을 것 같고, 노란 옷을 입은 승려들이 아침 탁발을 하고 계실 것만 같다.

치약을 두 개 사 놓는 마음

그래놀라 | 통밀토스트 | 양상추살사샐러드

결혼 전에는 연인의 이도 닦아주고 싶을 정도로 서로를 애틋해 하던 남녀가 결혼 후에는 치약을 어디부터 짜서 쓰느냐를 두고 대판 전쟁을 벌인다. 서글프지만 그게 현실인 걸 어쩌나. 그렇다고 서로의 사랑이 식은 것은 아닐 것이다. 밥과 잠과 집을 공유하는, 하나의 가족으로 살아가는 일이 그다지 만만하지 않을 따름이다. 사이좋던 친구도 룸메이트가 되면 청소 순번으로 신경전을 벌이지 않는가. 부부로서 살아가는 일에 대해 일평생을 살아도 모두 알 수는 없으리라.

허나 얼마 전 들은 한 친구의 이야기는 얼마간의 지혜를 주는 것 같다. 부부 둘 다 주관이 뚜렷하고 다혈질인데 늘 사이가 좋아 그 속사정이 궁금해 물어보았더니 이 친구 명답을 내놓는다.

"치약을 두 개 사 놓는 마음으로 살면 돼."

그 부부는 신혼 때 치약 때문에 매일 아침 소리를 질렀단다. 절약하는 집안에서 자라 치약은 끝에서부터 꼭꼭 짜서 쓰는 거라고 배워온 남편과 "그까짓 치약, 급한 아침에 꼼꼼히 짤 정신이 어디 있느냐, 나중에 가위로 잘라 쓰면 되지."하고 털털하게 말하는 아내. 결국 좀 더 부지런하고 예민한 성격의 남편이 세면대 위에 두 개의 치약을 놓았다. 두 개의 인격, 두 개의 치약.

서른 해 가까이 살아오며 자기 삶의 방식을 결정하고 고수해 온 두 사람이 모든 것을 공유하기란 어려울 것이다. 그러니, 마음만 한 방향이라면 자잘한 일상 습관들은 최대한 편하고 쉬운 쪽으로 맞추는 게 낫다. 까짓, 세면대 좀 어지러워지면 어떤가. 상대를 옥죄고 내 고집만 부리지 않으면, "이 집은 왜 치약이 두 개래?"라는 손님의 질문에 웃으며 대답할 수 있는 사이좋은 부부가 된다.

난데없이 치약 이야기를 길게 늘어놓은 건, 아침 식사로 좋은 음식을 소개하기 위해서다. '아침밥도 안 차려주는 아내'를 원망하는 남편과 '아이 때문에 밤잠도 못 자는데 아침 차려달라고 닦달하는 남편' 때문에 상처받은 아내들을 종종 본다. 그럴 때는 치약 두 개를 사는 마음으로 간단하고 먹기 편한 아침 식사를 준비해 놓는 지혜가 필요하다. 아침에 꼭 밥을 짓고 국을 끓여 한 상 차려 먹어야겠다는 강박만 버리면 아침으로 먹을 수 있는 것은 너무도 많다. "아침 든든히 먹어야 한다."라는 통념과 달

견과류그래놀라

두유 … 2컵
계핏가루 … 1작은술
딸기·복분자 … 250g 정도씩

시럽
조청 … 70mL
해바라기씨유 … 15mL
식물성버터 … 1큰술
계핏가루 … 1작은술

그래놀라
호두·아몬드·해바라기씨·호박
씨·캐슈너트·오트밀 … 60g씩
건포도·건살구·대추 … 30g씩
소금 … 약간

❶ 냄비에 분량의 시럽 재료를 넣고 살짝 끓인다.

❷ 그래놀라 재료인 견과류와 씨앗류, 마른 과일류
  를 잘게 다져 ❶의 시럽에 섞는다.

❸ 오븐을 예열하고 ❷를 팬에 얇게 펴 모양을 만든
  다음 섭씨 170도에서 15분 정도 구워 식으면 밀
  폐용기에 담아 보관한다.

❹ 그래놀라에 두유를 부은 뒤 제철 과일을 곁들여
  낸다.

오븐 없이 그래놀라 만들기

오븐이 없을 때는 마른 팬에 견과류를 볶은 다음 시럽을 부어
조린다. 이때는 조청과 설탕을 같이 넣어야 식었을 때 바삭바
삭하다.

리, 아침은 잠들었던 뇌와 위장을 살짝 깨울 정도로만 먹는 게 더 좋기 때문이다. 시간이 없다면 사과나 당근처럼 통으로 들고 먹기 좋은 과일, 채소를 들고 나가며 먹어도 상관없고 선식에 두유를 타 먹어도 든든하고 좋다. 실제로 실천해 본 사람들의 후기를 보면, 채소와 과일로 신선한 아침을 먹었을 때 공부나 업무 효율이 올라간 것을 경험했다고 한다.

그래놀라는 간단 아침밥으로 최적의 음식이다. 코코넛, 오트밀, 해바라기씨, 육두구, 시나몬 파우더, 참깨, 건포도 및 견과류 등을 볶아 뭉친 것을 구워 만든 그래놀라는 서양에서는 영양 만점의 아침 식사로 애용된다. 서양의 슈퍼에 가면 한 면 가득 그래놀라와 시리얼이 꽉꽉 채워져 있을 정도로 그 종류가 많다. 그래도 그래놀라는 집에서 만들어 먹는 것이 좋다. 집에서 만들면 신선한 재료를 자신의 건강 상태와 입맛에 따라 골라 넣을 수 있고 만들기도 매우 간단하다. 1주일에 한 번 구워두고 평일 내내 아침으로 먹으면 편하다.

그래놀라는 그릇에 적당히 넣고 두유를 부어 먹는데, 이때 산딸기나 크랜베리, 딸기 등의 베리 종류를 넣으면 과일의 새콤한 맛과 그래놀라의 고소한 맛이 조화롭다. 사과나 귤, 키위 등 계절 과일은 무엇이나 어울린다. 과일과 견과의 맛이 배어 더욱 풍부한 맛이 된 두유를 마시는 재미도 쏠쏠하다. 그래놀라는 꼭꼭 씹어 먹어야 하므로 저작 활동으로 잠이 깨는 효과는 덤이다.

통밀프렌치토스트

통밀식빵 … 2쪽
찐 단호박 … 100g
순두부 … 120g
두유 … 50mL
감자전분 … 2큰술
죽염가루 … 1작은술
생수 … 조금

❶ 믹서에 찐 단호박, 두유, 죽염가루를 넣고 부드 럽게 간다.

❷ 믹싱볼에 ❶과 연두부, 전분가루, 생수를 넣고 숟가락으로 저어가며 되직하게 농도를 맞춰 반 죽한다.

❸ ❷이 반죽에 통밀식빵을 앞뒤로 적신 후 기름 무 른 팬에서 양면을 노릇하게 지져낸다.

❹ ❸을 대각선으로 잘라 블루베리와 산딸기 등을 곁들여 낸다.

두뇌 건강에 좋은 견과를 고루 넣어 만드는 그래놀라. 성장기 아이들이나 치매를 염려하는 노인 건강에도 이로운 건강 음식이다. 밥과 반찬을 여러 가지 놓았지만 에너지 균형이 잘 맞지 않는 상보다 오히려 몸과 마음에 더 좋을 수 있는 간결하고 속은 꽉 찬 한 그릇의 건강식이다. 성인들에게는 그래놀라 한 그릇이면 그 자체로 열량이 충분하지만, 성장기 어린이, 청소년들에게는 조금 부족할 수 있겠다. 이럴 땐 통밀토스트 한두 조각을 구워 곁들이면 든든할 것이다. 두뇌 건강에 좋은 통곡식의 영양이 살아있으니 학습 능률을 높이는 데에도 좋다. 채식인 가정이라면 채소도 늘 상비돼 있을 테니 소스를 뿌려 샐러드 한 그릇 더 하면 아침 만찬도 가능하다(먹고 나갈 시간이 넉넉한 주말에 추천한다). 차가운 양상추에 토마토와 셀러리, 오이 등을 넣어 아삭아삭한 양상추살사샐러드는 맛이 가볍고 상쾌하며 색감도 좋다. 요란한 소리에 억지로 깨는 게 아니라 상큼한 채소가 깨워주는 아침은 늘 괴롭던 출근 시간을 즐겁고 기쁜 것으로 받아들이게 해준다.

양상추토마토 살사샐러드

양상추 ··· 100g
토마토 ··· 1개
셀러리 ··· 1줄기
오이 ··· 1/4개
유기농 옥수수 ··· 1컵
노랑 파프리카 ··· 1개

드레싱
올리브유 ··· 4큰술
레몬즙 ··· 2큰술(또는 발사믹
식초 2큰술)
원당 ··· 1큰술
후춧가루·소금 ··· 약간씩

❶ 양상추를 냉수에 20분쯤 담갔다가 채반에 받쳐
물기를 제거하고 냉장고에 넣어둔다.

❷ 토마토와 셀러리, 오이, 파프리카를 잘 씻은 뒤
작은 주사위 모양으로 깍둑 썬다.

❸ 올리브유와 레몬즙, 소금, 후춧가루를 섞어 드레
싱을 만든다.

❹ 접시에 양상추를 깔고 ❷를 올린 뒤 드레싱을 뿌
려 낸다.

가장 좋아하는 탄수화물 요리 중 하나가 바로 쿠스쿠스다. 일주일쯤
은 매일 먹을 수 있겠다 싶을 정도로 맛이 있다. 이름도 참 예쁜 쿠스쿠
스는 영화 〈사브리나〉의 한 장면에 나와 더 좋아하게 되었다. 여주인공
사브리나는 억만장자 집안 운전사의 딸인데, 파티 날이면 나무에 올라
짝사랑하는 데이비드를 훔쳐보는 게 즐거움이다. 파리로 떠나게 된 사
브리나가 용기를 내 데이비드에게 사랑을 고백하려는데, 문 뒤에 서서
그 이야기를 들은 게 마침 데이비드가 아닌 억만장자의 장남 라이너스
였다는 게 이야기의 시작이다. 이런저런 우여곡절 끝에 라이너스가 사
브리나를 모로코 식당으로 안내해서 대접한 음식이 바로 이 쿠스쿠스였
다. 여유롭게 식사해 본 적이 없던 사브리나는 바닥에 앉아 손으로 먹는
이 음식의 매력에 금세 매료된다. 서로에 대한 설렘으로 반짝이는 눈빛

과 미묘한 표정, 그리고 가운데 놓인 희한한 음식 쿠스쿠스. 아주 오래전에 본 장면인데도 기억이 또렷하다.

모로코의 주식 쿠스쿠스는 이제 세계인이 즐기는 요리가 되었다. 보통 파스타 재료로 쓰이는 뉴럼밀을 거칠게 갈아 쪄낸 후 말려서 만드는 쿠스쿠스는 얼핏 좁쌀처럼 생겼다. 좁쌀처럼 쿠스쿠스도 곡물의 씹히는 맛이 좋을 뿐 아니라 어떤 음식과 함께 먹어도 잘 어울리는 우리의 '밥'과 비슷한 음식이다. 거친 입자 사이로 볶은 채소나 소스가 잘 스며들기 때문이다.

오곡밥에 빠지지 않는 곡물인 기장을 사용해 쿠스쿠스를 만들어 보면 어떨까 하고 맛을 상상해 봤다. 역시나! 상상한 그대로의 맛이다. 밀이나 쌀보다 단백질은 더 많고 비타민 A가 풍부한 기장은 본래 떡을 만들어도 별미고 소화가 쉬워 더욱 좋은 곡물이다. 다이어트에도 좋아서 밀을 꺼리는 사람들이 먹으면 좋겠다 싶었다. 기장은 항암식품으로도 손에 꼽히는 식재료다. 기장에서 추출한 물질은 암세포에 작용하여 항암효과를 내고 당뇨와 각종 염증 질병에도 두루 좋으며 독성 없어 많이 먹어도 탈이 없다.

가장 아끼는 접시를 골라 코리안쿠스쿠스를 소복하게 담고 투명한 유리잔에 상그리아 한 잔을 곁들이면 평범한 저녁상도 근사한 파티 만찬으로 변신한다. 보통 와인에 오렌지나 사과 등의 과일과 레몬즙을 첨가해 만드는 게 상그리아라고 알고 있지만, 이 상그리아는 좀 다르다. 알코올 기온은 쏙 빠지고 여러 가지 제철 과일의 비타민과 미네랄이 가득하니, 마시면 풀어지고 느슨해지는 대신 정신이 또렷해지고 말은 총명해지리라. 홀짝홀짝 목을 축이며 오랜만에 가족 간의 깊은 대화를 나누면 기억에 남는 저녁이 될 것이다. 향초에 불을 붙여 내놓거나 꽃 한 송이를 꽂은 유리컵을 식탁 위에 장식하면 더욱더 분위기가 있을 것 같다. 은은한 조명과 향긋한 꽃향기에 널린 빨래나 어질러진 아이 장난감 따위, 잠시나마 보이지 않을지도 모르겠다.

'종일 피곤하게 일하니 저녁만 되면 물에 젖은 빨래처럼 축 처져서 아무것도 못 하겠다.'라는 사람들에게도 특별히 권하는 음료가 바로 이 상그리아다. 저녁 생각조차 없을 때라면 빛깔 고운 상그리아 한 잔 마시고 일찌감치 잠자리에 들어도 좋다. 그 밤엔 분명 달콤하고 환상적인 꿈을 꿀 게다.

코리안쿠스쿠스

데친 기장 … 1/2컵
시금치 … 10줄기
방울토마토 … 10개
캐슈너트 … 15개
완두콩 … 2큰술
생강편 … 4쪽

소스
매실효소 … 1/2컵
조선간장 … 3큰술
진간장 … 2큰술
들기름 … 1큰술
레몬즙 … 1큰술
다진 청양고추 … 1개
후춧가루 … 약간

❶ 기장은 물에 30분 정도 불렸다가 완두콩과 함께 끓는 물에 살짝 데쳐 냉수에 식힌 다음 체에 밭쳐 물기를 제거한다.

❷ 팬에 오일을 두르고 생강편을 넣어 볶다가 향이 나면 방울토마토와 캐슈너트를 넣어 볶은 후 잠시 식힌다.

❸ 분량의 소스 재료를 모두 섞어 준비한다.

❹ ❶의 기장과 완두콩, ❷의 소스를 모두 섞어 버무린 뒤 접시에 담아낸다.

매실효소 대신 더덕을 으깨어 오미자효소와 섞은 것으로 대체하면 맛과 향이 더욱 좋은 요리가 된다.

상그리아

유기농 포도주스 … 800mL
탄산수 … 500mL
유기농 원당 … 3큰술
레몬 … 1개
오렌지 … 1개
얼음 … 2컵
민트잎 … 조금

TIP 포도주스 대신 오미자, 석류, 오렌지주스로 대용할 수 있다.

❶ 오렌지와 레몬은 반으로 가른 뒤 얇게 저민다.

❷ 믹싱볼에 포도주스와 탄산수, 원당을 넣고 원당이 녹을 때까지 저어준다.

❸ 유리병에 ❷를 붓고 ❶의 레몬과 오렌지, 민트잎을 넣은 뒤 냉장 보관했다가 손님이 오면 컵에 담아낸다.

밥 한 공기에 담긴
세상의 이치

단호박영양밥

땅에 붙박여 움직이지 못하고 살아가는 식물. 그러나 식물은 그러한 이유로 사람이 먹기에 가장 에너지 균형이 잘 잡힌 식재료다. 자기에게 맞는 장소를 찾아 돌아다니거나 원하는 먹을거리를 선택할 수 있는 동물과 달리, 식물을 제 자리에서 최선을 다해 건강한 상태를 유지해야 하기에 각 부분에 음과 양의 에너지를 고루 갖추게 된다. 그러나 우리는 미각과 시각을 위해 과일은 껍질을 벗겨 먹고, 채소는 질긴 부분은 버리며, 곡물은 보드랍게 도정해 먹는다. 이래서야 에너지 균형이 모두 깨져버려 인체의 에너지 밸런스가 맞을 수가 없다.

예컨대 무나 연근, 마와 같은 뿌리채소는 빛 에너지를 많이 저장하여 따뜻한 성질이 있고 배추나 상추와 같은 잎채소는 수분이 많아 시원한 성질이 있다. 몸의 기가 약한 사람의 경우, 잎채소만 많이 섭취하면 몸이 차가워질 수가 있으니 뿌리채소와 섞어 고르게 섭취해야 한다. 그러므로 채소를 통으로 먹는 습관을 들이면 재료의 음과 양을 따질 것 없이 몸이 건강해진다. 식물은 껍질(양)과 알맹이(음), 잎(양)과 뿌리(음) 부분이 한 몸 안에서 음과 양의 조화를 이루고 있고 각 위치에 따른 고유의 영양을 지니고 있기 때문이다. 버리는 부분 없이 먹어야 오장과 육부가 조화롭게 건강하고 성격도 모난 데 없이 형성된다는 이야기다.

이 방식은 곡물을 먹을 때도 똑같이 적용된다. 도정을 많이 한 곡물을 오래 먹으면 비타민, 무기질이 부족해지기 쉽다. 비타민과 무기질 부족은 인체의 산성화로 이어지는 길이니, 통곡식 위주의 식생활을 유지해야 한다. 온갖 통곡식과 견과류, 버섯, 채소를 한 솥에 넣고 지어 먹는 밥은 다양한 에너지를 요구하는 몸이 반겨 환영할만한 음식이다. 표고, 애호박, 당근, 콩, 대추, 밤, 은행, 호두, 현미, 현미찹쌀, 흑미가 가득 든 뜨끈한 밥은 그 자체로 보약이다. 몸에 필요한 필수 영양과 식이섬유가 가득한 이 밥 한 공기는 무엇과도 바꿀 수 없게 귀하다. 비타민 부족이 심각한 현대인들의 경우, 따로 채소 챙겨 먹기 어려우면 아예 이렇게 몽땅 밥에 넣어 먹는 것도 현명한 방법이다. 곡식은 모두 섞어서 쌀 단지에 보관하면 오래 두고 먹어도 괜찮고, 요리할 때마다 따로따로 준비할 필요 없어 간편하다.

이 영양밥은 백미밥에 비해 반 공기만 먹어도 속이 든든하고 에너지가 지속돼 활력이 생기므로 다이어트를 할 때도 요긴하다. 현미와 기타 잡곡으로 탄수화물을, 콩 종류로 지방과 단백질의 조화를, 견과와 씨앗으로 지방을, 채소와 버섯으로 비타민을 채워주니 다이어트 기간에 생기기 쉬운 영양불균형을 예방할 수 있다. 잡곡은 오래 씹어야 넘어가므로 씹는 동안, 침샘이 자극받아 소화 효소가 분비되어 위의 활동을 도와주며 뇌에 "음식을 충분히 먹었다."라는 자극을 주어 과식을 막을 수 있다. 또한 턱의 근육을 자극해 의지가 강해지고 뇌의 기능이 활성화되는 부가적인 효과도 있다. 섬유질이 풍부해 장을 청소해 주고 배변도 원활하게 해주니 변비로 고생하는 사람이라면 매일 먹어도 이롭겠다.

간혹 "각 재료의 양을 어떻게 배분해야 하나요?"라고 물어 오시는 분들이 있어 팁 한 가지. 가장 기본적인 원리는 우리 땅에 많이 자라고 구하기 쉬운 것을 많이, 비싸고 구하기 어려운 것은 적게 넣으면 된다는 것이다. 또한 그 계절에 많이 나는 것은 많이, 잘 나지 않는 것은 넣지 않아도 좋다. 사람이 자연과 한 몸이니, 자연이 풍부하게 내어주는 것은 많이 먹어도 좋다는 메시지요, 귀하게 내는 것은 조금만 먹어야 몸에 이롭다는 메시지다. 예컨대 밥공기 안에 콩이 30%가 넘으면 가스가 생기기 쉽다. 음식에도 왕과 신하(군신좌사)의 원리가 있어, 신하가 왕을 앞설 수는 없는데 콩은 신하고 쌀은 왕인 까닭이다. 따라서 현미와 흑미, 현미찹쌀 등을 섞은 것이 70%가 되면 속도 편하고 영양적으로도 맞다. 잣처럼 귀하고 비싼 것은 요리 위에 살짝 뿌리는 정도로만 넣으면 된다. 많이 넣으면 너무 기름져 먹기 어렵다. 이처럼 밥 한 공기 안에도 세상과 자연의 이치가 있기에 요리하는 사람은 요리 공부와 함께 세상 공부도 해야 한다.

음식 속 군신좌사의 원리

하나의 완성된 음식을 접시에 담게 되면 그 안에 주된 재료가 있고 고유의 색이 있으며 보좌하는 부재료가 있고 맛을 결정짓는 포인트가 있게 된다. 예를 들어,

김치

:배추-임금

무, 파, 갓-삼정승

찹쌀풀-백성(또는 신하)

마늘, 생강-통치 철학

고춧가루의 붉은 색-국민성

양장피냉채

:양장피-임금

볶은 밀고기-삼정승

채를 썬 채소-백성(또는 신하)

겨자소스-통치 철학

노란 소스 색-국민성

과 같은 식이다. 이처럼 요리에는 으뜸이 되는 재료와 부재료, 그것들을 조화롭게 만드는 양념이 있어 고유의 색과 맛을 드러내게 된다. 이때 신하가 되는 부재료의 수나 화려함이 임금이 되는 주재료를 압도해서는 안 되고, 주재료의 모양에 따라 부재료의 모양도 맞춰 썰어야 한다. 양장피가 기다란 모양이므로 그에 맞춰 각종 채소도 채를 썰어 담는 식이다. 또한 소스나 양념이 요리의 맛을 결정짓게 되므로 임금의 풍채에 맞는 옷을 재단하듯 재료들의 맛과 향과 식감을 고려해 가장 잘 어울리는 것을 선택해야 한다.

단호박영양밥

단호박 … 1통
멥쌀·물 … 1컵씩
흑미 … 2큰술
수삼(큰 것) … 1개
호두·깐 밤 … 4개씩
대추 … 3개
껍질 깐 은행 … 10개
다시마(5×10cm) … 1장
표고버섯 … 2개
아몬드·소금 … 조금씩

달래양념장
국간장 … 1큰술
진간장 … 2큰술
다진 달래 … 1큰술
참기름 … 1작은술
다진 청양고추·통깨 … 약간씩

❶ 쌀은 씻어 충분히 불린다. 불리지 않은 쌀이라면 물을 약 1/3컵 정도 더 추가한다.

❷ 수삼과 표고버섯은 한입 크기로 썰고, 대추는 씨를 제거한다.

❸ 단호박은 꼭지를 따고 속을 파내 준비한다.

❹ 쌀과 수삼, 표고버섯, 호두, 밤, 대추, 은행, 아몬드를 한데 섞어 다시마를 넣어 밥을 짓는다.

❺ ❸의 단호박에 ❹의 밥을 담아 김 오른 찜솥에 10분가량 찐다.

❻ 분량의 재료를 섞어서 달래양념장을 만들어 곁들인다.

양념장에 냉이를 살짝 데쳐 다져 넣으면 향과 맛이 좋다.

경계심을 가르치는 숙주나물

아삭숙주볶음 | 녹두단호박수프

숙주는 부지런해야 잘 챙겨 먹을 수 있는 채소다. 베트남 쌀국수나 월남쌈, 숙주나물 등을 좋아해서 숙주를 즐겨 먹는 사람들이 입을 모아 숙주 먹기의 어려움을 토로한다. '채소가게에서 가장 먼저 떨어지고 사다 놓으면 금방 상해버리는 골치 아픈' 채소란다. 감기에 걸려 숙주 듬뿍 넣은 뜨거운 쌀국수가 간절했는데, 숙주를 찾아서 슈퍼들을 전전하다 열만 더 올랐다는 사람도 봤다. 용케 사다 놓았다 해도 숙주나물로 무쳐놓지 않는 이상, 연달아 몇 끼는 숙주 요리를 먹어야 한다. 천 원어치만 사도 큰 봉지로 하나 가득한데, 국수나 볶음에 써봤자 반의반 봉지를 채 못 쓴다. 일에 바빠 깜빡했다가 냉장고 채소 칸을 열어보면 검고 시들하게 변해버린 숙주가 원망의 독을 내뿜고 있곤 한다.

아삭숙주볶음

숙주나물 … 300g
오이·청양고추 … 1개씩
생강 … 1톨
노랑·빨강 파프리카 … 1/2개씩
소금·후춧가루·식초 … 조금씩
고수잎(또는 셀러리위) … 조금

❶ 숙주나물은 흐르는 물에 살짝 헹군 뒤 체에 밭쳐 물기를 제거한다.

❷ 오이는 껍질째 돌려 깎은 후 채 썰고 파프리카와 청양고추는 씨를 제거하고 채 썬다. 생강도 가늘게 채 썰고 셀러리나 고수잎은 깨끗이 씻어 준비한다.

❸ 기름 두른 팬에 청양고추와 생강채를 넣어 볶다가 숙주나물과 오이채, 파프리카채를 넣고 아삭하게 볶아지면 소금·후춧가루로 간하고 식초를 조금 뿌린다.

❹ ❸을 접시에 담고 고수잎을 뿌려 낸다.

핫소스·참기름·통깨를 기호에 맞게 곁들이고 토르티야나 밀쌈에 넣고 말아 먹어도 맛있다. 오이 대신 셀러리 줄기를 넣고 볶아도 향이 좋다.

이렇듯 잘 변하는 숙주. 이 채소의 이름은 조선 시대의 신하 신숙주의 이름에서 유래했다. 그전에는 그저 녹두로 싹을 틔웠다고 '녹두나물'이라 불렸다. 세종으로부터 "어린 세손을 잘 부탁한다."라는 부탁을 받을 정도의 대신이었던 신숙주는 훗날 세조가 되는 수양대군의 청을 뿌리치지 못하고 단종을 배신하게 된다. 우리가 잘 알고 있는 '집현전에서 밤이 늦도록 연구를 하다 깜빡 잠이 든 신하에게 세종이 용포를 벗어 덮어준 훈훈한 이야기' 속 주인공이 바로 신숙주인 것을 볼 때, 참으로 아이러니한 일이 아닐 수 없다. 그와 뜻을 달리한 사육신은 모두 죽고 홀로 수양을 보좌해 승승장구하게 된 신숙주. 네 차례나 대신의 반열에 오르고 마침내 영의정에까지 오르는 부귀영화를 누리게 된다. 그러나 백성들은 신의가 없는 그의 이름을 쉽게 상하는 녹두나물에 붙여 '숙주'라고 불렸다. 《조선무쌍요리제법》이란 책에서는 "신숙주 짓이기듯 이 나물을 짓이겨 만두 속에 넣자."라는 글귀마저 나온다. 어린 임금을 배신한 신하에 대한 백성들의 미움이 얼마나 컸는지 엿볼 수 있는 대목이다. 높으신 분을 대놓고 욕할 수 없으니 한낱 나물에 그 이름을 붙여 마음껏 가지고 논 그 옛날 민초들의 재기와 해학이 지금에 와서 봐도 참 재미있다.

　차례상에 숙주나물을 올리는 이유도 숙주의 잘 변하는 성질에서 비롯됐다. 상에 올리는 여러 과일과 채소 중 숙주만큼 쉽게 상하는 음식은 없다. 그러므로 숙주나물무침은 '도를 구하는 마음이 숙주나물처럼 변할까 염려되니 늘 경각심을 가지라.'는 가르침을 전하기 위해 올리는 것이다. 그러므로 명절에 먹는 숙주나물은 '마음은 일시적이고, 결심은 한순간에 그칠 수 있으니 늘 보듬고 다스릴 것을 설과 추석에 되새기라.'는 조상의 메시지를 담은 요리다.

하지만 이 모든 게 숙주로선 참 억울할 노릇이다. 온도나 빛에 민감해 잘 쉬긴 하지만 아삭아삭한 식감과 높은 영양은 섬세하게 지켜 먹을 만한 가치가 있기 때문이다. 녹두가 자라 숙주나물이 되면 비타민 A는 두 배, 비타민 B는 30배, 비타민 C는 무려 40배로 늘어난다. 또한 녹두 속 단백질은 분해돼서 아르지닌과 아스파라긴산 등의 비단백질로 변하고 당질은 대폭 줄어든다. 신체기능을 깨워주는 비타민은 늘어나는 반면 과다하게 먹으면 지방으로 변해 몸의 군살을 붙게 하는 당질은 줄어드니 최고의 다이어트 식품 아닌가!

태국이나 베트남 등의 동남아시아에 가면 대부분 요리에서 숙주를 만날 수 있다. 숙주는 차가운 기운이 많아 몸이 찬 사람이 많이 먹으면 좋지 않지만 일 년 내내 뜨거운 그곳의 기후에는 찰떡궁합인 식재료다. 우리나라 숙주보다는 좀 통통하고 비린 맛은 없는 그곳 숙주 맛은 한번 맛보면 잊을 수 없다. 똠얌수프에도 듬뿍, 쌀국수에도 듬뿍 들어가니 동남아 여행을 가면 매일 숙주를 몇 대접씩 먹는 셈인데도 절대 질리지 않는다. 강한 향이 없고 아작아작 씹는 맛이 좋으니 또 먹고 싶어진다. 길거리 노점상에서 아주머니가 볶아주는 팟타이(볶음국수)에도 숙주가 듬뿍 들어가는데 가히 국수 반 숙주 반이다. 더운 나라에서 쑥쑥 자란 싱싱한 이 채소를 매일 먹다가 고국에 돌아오면 무척 아쉽다.

동남아 사람들의 날씬하고 탄탄한 몸매의 비결도, 일 년 내내 무더운 날씨에도 잘 견디는 비결도 숙주 속 엄청난 비타민과 원기 회복 능력 덕일 것이다. 그러니 우리나라에서도 숙주를 잘 챙겨 먹으면 좋을 텐데, 어떤 방법이 있을까? 뜻이 있는 곳에 길이 있다고 했다. 요즘은 새싹 채소를 손수 길러 먹는 가정이 늘고 있어 무, 메밀, 보리, 브로콜리 새싹 등과 함께 숙주도 길러 먹는다고 한다. 통녹두를 사다가 물에 하루 정도 담가 불린 후 싹이 나오면 이것을 면보를 깐 바구니에 올려놓고 기르면 된단다. 4~5일이면 한 소쿠리의 숙주를 먹을 수 있다. 5일마다 딱 먹을 만큼씩 거두면 되니 낭비도 없고 어려움도 없다. 손수 기른 유기농 채소라 마음 편하게 먹을 수 있음은 물론이고.

날것으로 먹거나 뜨거운 국물에 살짝 담가 먹어도 맛있는 동남아 숙주와 달리 우리나라 숙주는 잘 익혀 먹는 게 더 낫다. 숙주를 좋아해서 여러 요리에 넣어 먹는데 그중에서 고수잎과 오이를 넣고 소금, 후춧가루 정도로 살짝만 간을 해서 볶아 먹는 것을 즐긴다. 생강과 청양고추, 고수가 어우러져 풍기는 향기가 절로 식욕을 돋운다. 핫소스에 살짝 뿌려도 숙주와 잘 어울린다. 특히 여름에 밥반찬으로 먹으면 더위에 지친 몸과 정신을 반짝 깨워주는 기특한 요리다. 찬물에 불린 쌀국수를 한데 넣고 볶아 먹어도 든든한 한 끼 식사가 된다.

녹두 … 1컵
단호박·양파 … 1/2개씩
브로콜리 … 1/2송이
생수·소금 … 조금씩
고명 … 팥앙금

❶ 녹두는 씻은 뒤 물에 30분 정도 불리고, 양파는 잘게 다진다.

❷ 단호박과 브로콜리는 한입 크기로 자른다.

❸ 팬에 기름을 두르고 다진 양파를 향이 날 때까지 볶다가 녹두, 단호박을 넣고 재료량의 5배가량이 물을 부어 푹 끓인다.

❹ ❸의 녹두와 단호박이 잘 익어 퍼지면 브로콜리를 넣고 살짝 끓인 뒤 소금으로 간을 맞춘다.

푹 끓이면 녹두와 단호박이 퍼져 부드러운 수프가 된다. 기호에 따라 씹히는 맛이 거슬리면 끓인 후 믹서에 갈아 부드럽게 즐겨도 좋다.

양배추 한 움큼이 만드는 행복

채식오코노미야키

'부엌의 비약'으로 불리는 양배추. 건강식품으로서의 양배추의 인기가 전 세계적으로 나날이 드높아진다. 위장 건강을 위해 양배추 생즙을 매일 마시는 사람도 많고, 삶은 양배추와 현미밥을 중심으로 한 소박한 식단으로 병원에서 포기한 암을 고친 사람들도 있다고 한다. 서양에서는 3대 장수식품으로 올리브, 요구르트, 양배추를 꼽는다. 위 점막을 보호하고 소화 작용을 하며 건조한 피부를 촉촉하게 만들어주고 노폐물을 배출하여 피를 맑게 하며 숙취, 위장병, 항암 작용이 뛰어난 양배추는 장수의 1등 공신이기도 하다. 카로티노이드라는 성분이 피부 노화를 예방하니 미인을 만드는 음식이기도 하다.

따로 양배추 요리를 정해두고 먹는 것보다 더 효과적인 방법이 있다.

채 썬 양배추를 커다란 밀폐 통에 담아 냉장고에 넣어두고 수시로 꺼내 소스를 뿌려 샐러드로도 먹고, 볶음요리를 할 때마다 두어 줌 뿌려 넣고, 볶음밥을 할 때도 쓱 끼워 넣고, 목마를 때 물 대신 씹어 먹는 것이다. 아이들이 좋아하는 떡볶이를 만들 때도 양파, 당근, 파와 함께 풍성하게 넣으면 국물은 감칠맛이 돌고 건져 먹을 건더기는 많아져서 좋다. 비만으로 고민하는 아이들에게는 탄수화물이 가득한 떡 대신 양배추를 많이 먹게 하는 것도 좋겠다. 달큰하고 아삭한 양배추는 많이 먹어도 질리지 않고 어떤 양념과도 조화롭게 어울리니 요리가 서툰 사람들도 즐겨 쓸 만한 식재료다.

큰 것 한 통 사면 한참을 두고 먹는 양배추. 이 양배추를 듬뿍 먹을 수 있는 요리가 바로 오코노미야키다. 개인적으로 양배추가 시들시들해져서 재빨리 먹어 치워야 할 때 떠올리는 요리다. 샐러드 볼에 가득 차도록 양배추 채를 썰어두고 몇 장이고 지글지글 뜨거운 기름에 오코노미야키를 구워 먹는 재미란! 아내는 반죽을 젓고 나는 굽고 아이는 곁에 앉아 뜨거운 전을 오물거리는 저녁은 참으로 따스하다. 예쁘게 구워진 것으로 서너 장 골라 담아 이웃집에 전하기도 하고 세 가족이 한두 장씩 밥 대신 저녁으로 먹는다. 수북했던 양배추채가 몽땅 처리되어 주부 마음이 가뿐하고 보통 부침개에 비해 밀가루 양은 적고 양파와 양배추, 부추, 감자 등 채소의 양은 많은 요리다 보니 몸도 가뿐하다.

이 오코노미야키를 맛있게 하는 방법은 약간 도톰하게 굽는 것이다.

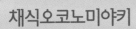

채식오코노미야키

통밀가루 ⋯ 2/3컵
감자(큰 것) ⋯ 1개
양배추 ⋯ 100g
적양파 ⋯ 1개
생수 ⋯ 1/4컵
소금·후춧가루·버섯시즈닝·통깨
⋯ 조금씩

토핑
두유마요네즈 ⋯ 2큰술
비건콩까스소스 ⋯ 2큰술
콩불고기·영양부추 ⋯ 조금씩

TIP 콩까스소스 대신 발사믹크림이
나 케첩으로 대용 가능하다.

❶ 양배추는 가늘게 채 썰고, 감자·적양파는 껍질을 벗긴 뒤 양배추와 같이 채 썬다.

❷ 믹싱볼에 ❶과 통밀가루, 생수를 넣어 반죽하고 기호에 따라 소금·후춧가루·버섯시즈닝·통깨를 넣어 간을 맞춘 뒤 오일을 두른 팬에 넣어 약간 도톰하고 노릇하게 지져 낸다.

❸ 콩불고기는 채를 썰어 살짝 볶고 영양부추는 송송 썬다.

❹ ❷의 부쳐낸 전을 접시에 담고 두부마요네즈와 비건콩 까스소스를 뿌린 뒤 ❸의 다진 영양부추와 콩불고기를 뿌린다.

채식오코노미야키 즐기기

기호에 따라 김가루, 핫소스, 레몬즙을 곁들여 먹는다. 비건콩까스소스는 채식식당이나 인터넷 채식쇼핑몰에서 살 수 있다. 일반 돈가스 소스나 스테이크 소스, 발사믹크림으로 대용할 수 있다.

비건콩까스소스 만들기

재료

두유 1컵, 채소국물 1컵, 통밀가루 2큰술, 비건버터 1큰술, 다진 토마토 1/2컵, 다진 셀러리 1줄기, 다진 양파 1개, 다진 양송이 10개, 올리브유 5큰술, 레몬주스 2큰술, 케첩 2큰술, 머스터드 1큰술, 연겨자 1작은술, 월계수잎 2장, 말린 로즈메리·바질 1/2작은술씩, 소금·후춧가루 조금씩

만들기

❶ 팬에 기름과 비건버터를 두르고 통밀가루를 넣어 볶다가 노릇해지면 두유를 넣어 루를 만든다.

❷ 다른 팬에 기름을 두르고 다진 양파를 넣어 노릇하게 볶은 후 다진 토마토와 셀러리를 넣어 볶는다.

❸ ❷에 채소국물과 다른 재료들을 넣어 푹 끓인 후 ❶의 통밀루를 넣어 농도를 조절한 다음 소금과 후춧가루로 간을 맞춘다.

*두유마요네즈 만들기 187쪽 참조.

우리나라의 김치부침개나 감자전 하듯 얇게 부치면 안 되고 각종 채소가 빡빡하게 들어차게 반죽해 약간 높이가 있게 부쳐내야 맛있다. '속 먹자는 만두요, 떡 먹자는 송편이다.'라는 말이 있는데, 이 오코노미야키는 둘 중에 만두와 비슷하다고 생각하면 편하겠다. 통밀가루 반죽이 오코노미야키의 모양을 잡아주긴 하지만 밀가루 맛보다는 채소들에서 배어 나오는 달큰하고 고소한 맛으로 먹는 요리니까 말이다.

채식오코노미야키에는 다양한 채소와 콩단백, 두유마요네즈, 비건콩까스소스가 들어가 그 맛과 영양이 특별하다. 채식오코노미야키 위에는 가늘게 찢어 팬에 노릇하게 구운 뒤 고소하게 양념한 콩단백이 춤을 춘다. 원래는 오코노미야키를 젓가락으로 잘라내 콩단백과 함께 집어 먹어야 하는데 아이가 이것을 좋아해 골라 먹을 때가 있어 몇 번이고 콩단백포를 보충해 얹어야 할 때도 있다. 맛있다고 골라 먹어도 몸에 이로운 콩으로 만든 것이니 그러려니 한다.

천연 항암제, 강황

콩탄두리

"전생에 인도에 살았었니?" 할 정도로 나는 인도 음식의 향기를 맡으면 행복해진다. 밥과 찌개를 먹지 않고도 잘 살 수 있는 체질이라서 감자를 많이 넣은 커리와 난 몇 장만 있어도 몇 끼를 맛있게 먹는다. 환절기에 감기에라도 걸려 몸져누워있을 때도 신선한 과일을 커리가루에 묻혀 먹고 푹 자면 금세 몸이 회복된다. 커리가루의 알싸한 향이 내게는 약인 셈이다. 그러니, 온 나라에서 풍기는 오묘한 커리 향 때문에 행복하여질 기대에 '인도에서 몇 달 살아도 좋겠다.'라고 간혹 생각하고는 한다.

인도 음식은 우리나라 음식에 비해 향이 매우 강하다. 인도와 같은 열대지방에서는 음식의 부패를 막고 더위에 사라지기 쉬운 입맛을 돋우느라 향신료를 많이 쓰는 경향이 있다. 그러므로 후각이 예민할수록 그 진수를 느낄 수 있는 게 바로 인도 요리다. 코로 반, 입으로 반 먹는 것이다. 그중 인도 북부 펀자브 지방의 음식인 탄두리 치킨은 알싸한 커리 향과 참숯 향의 조화가 일품이다. '탄두르'라는 전통적인 진흙 오븐 안에서 구워내기 때문에 기름기 없이 담백해서 더 맛있다.

본래 닭을 사용한 요리지만 콩단백을 이용해 채식요리인 '콩탄두리'로 만들어내도 그 맛이 훌륭하다. 이 요리를 할 때마다 한 초보 채식인의 일화가 떠오른다. 채식을 결심하고 한 달쯤 되었나 싶은 어느 저녁, 양념치킨이 너무 먹고 싶더란다. '평소엔 잘 먹지도 않던 양념치킨이 애들처럼 왜 이렇게 간절한 것일까, 전화로 주문해 먹을까, 먹고 나면 바로 후회하겠지.' 등등 머릿속 상념들과 싸우던 중 고추장과 물엿, 마늘, 땅콩 가루를 섞어 끓여 브로콜리와 감자 등의 채소에 버무려 먹어 보았단다. 놀랍게도 양념치킨 갈급증이 싹 가시더라나. 그가 전한 말이 재밌었다. "가만히 제 식욕을 돌아보니, 고기가 아니라 양념이 먹고 싶은 거였더라고요!"

마찬가지다. 사람의 입맛은 찬찬히 분석해 볼 필요가 있다. 많은 경우 숯불에 구운 냄새가 좋아서 숯불고기를 먹고, 기름에 튀긴 고소한 맛이 좋아서 치킨을 먹기도 한다. 내 혀가 원하는 것이 진정 무엇인지 알아보는 노력이 필요하다.

콩탄두리는 만드는 동안에도 그 향기 때문에 행복해지는 요리다. 기름에 바싹 튀겨낸 콩단백은 그대로 먹어도 고소하고 쫄깃하다. 양념을 더 하면 맛이 배가 되는데, 두유마요네즈를 기본으로 칠리와 커리 등을 섞어 콩고기에 옷을 입히고 그 위에 파인애플과 오이피클이 들어간 새 콤달콤한 드레싱을 뿌리면 남녀노소 누구나 좋아하는 맛이 된다.

카스트 제도와 낙후된 환경 때문에 질병률이 높을 것 같은 나라지만 인도는 예상외로 암과 심장병의 질병률이 낮다. 바로 커리 덕분이다. 커리 속 강황은 가장 강력한 항암제요, 가장 뛰어난 심장약이요, 가장 믿을 만한 치매 예방약이다. 불전에 의하면 석가모니가 고행할 때 건강을 지켜준 음식이 바로 이 북인도산 강황 뿌리였다는 이야기도 있다. 강황뿐 아니라 커리가루를 구성하는 터메릭 등의 재료들이 모두 천연 항암제이자 심장병 약이다. '약 중에 식약이 최고'라 했다. 이 좋은 약, 강황을 오늘 저녁으로 올려보면 어떨까. 오랜만의 별식에 대한 즐거움으로 가족 간에 피어나는 웃음은 강황의 효능에 지지 않는 질병 예방제일 것이다.

콩탄두리

콩단백 … 400g
통밀 튀김가루 … 1컵

양념
두유마요네즈 … 8큰술
고추장 … 2큰술
칠리가루 … 1큰술
커리가루 … 3큰술
케첩 … 2큰술
소금·버섯시즈닝·마늘·생강·다
진 양파(또는 가루) … 조금씩

드레싱
두유마요네즈 … 3큰술
양파즙·다진 오이피클·다진 파
인애플… 2큰술씩

❶ 콩단백을 물에 1시간가량 불렸다가 부드러워지
면 꺼내어 물기를 꼭 짠 뒤 알맞은 크기로 찢는다.

❷ 믹싱볼에 콩단백과 분량의 양념을 넣어 골고루 버
무린 뒤 손으로 꼭꼭 쥐어 적당한 크기로 빚는다.

❸ 튀김 팬에 기름을 넣고 170℃ 온도에서 ❷의 반
죽에 통밀 튀김가루를 살짝 묻혀 넣고 튀기다가
마지막에는 센 불로 바싹하게 튀겨낸다.

❹ 분량의 재료를 섞어 드레싱을 만든 뒤 ❸의 튀겨
낸 콩탄두리에 흩뿌리거나 곁들여 낸다.

나만의 요리 비법 찾기

요리책의 요리법에는 가공 양념류의 상표가 기재되지 않는 것
이 상식이다. 그러나 양념은 제조회사나 상표에 따라 맛의 차
이가 있다. 짠맛, 신맛, 단맛 등 성분의 농도 차이가 바로 맛의
차이로 나타나는 것. 그러므로 조리 전에 꼭 자신이 사용하고
있는 양념류의 염도나 당도 등을 잘 파악해 응용하는 지혜가
필요하다.

*두유마요네즈 만들기 187쪽 참조.

현미밥 한 공기
앞에 두고

아몬드수프

쌀은 우리 민족에게 매 끼니 접하는 식재료, 그 너머의 의미였다. '만 석꾼'이라는 단어에서도 알 수 있듯이 옛사람들은 쌀을 얼마만큼 소유했느냐를 기준으로 부자인지 아닌지를 가늠하기도 했다. 고로, 쌀은 곧 부(富)였다. 쌀은 신성성을 의미하기도 했다. 제사를 지낼 때면 그릇에 쌀을 소복하게 담아 향을 세워 피웠고, 마을에 굿이 열릴 때면 무당이 쌀알을 흩뿌리며 춤을 추었다. 점쟁이가 점을 칠 때도 쌀을 이용했다. 어릴 때 이런 광경들을 지켜보며 "쌀은 참 귀한 것이구나." 고개를 끄덕이기도 했었다.

요리를 하면서는 갓 지은 밥 한 공기를 들고 신성성을 느끼곤 한다. 윤기가 좌르르 흐르는 뽀얗고 통통한 쌀알, 출출하지 않았다가도 어느

새 침이 가득 고이게 하는 훈훈한 밥의 단내. 어떤 음식보다도 '내 몸의 피와 살이 된다.'라는 자각을 절로 불러일으키는 음식이 바로 밥이다. 농부의 땀과 하늘의 정성, 요리하는 사람의 마음이 밥 한 공기 안에 빼곡히 모여 있다. 쌀 한 톨마다 해와 바람과 흙과 물의 영적 에너지가 응집돼 있다. 한 톨 한 톨이 생명의 근원이다. 이러니, 식사가 가장 쉬운 기도이다.

밥은 변화무쌍한 음식이다. 입맛 없을 때면 밥에 뜨거운 물을 부어 장아찌 한 조각 얹어 훌훌 넘겨도 좋고, 누룽지로 바싹하게 구워 놓으면 게 눈 감추듯 사라진다. 구수한 나물 된장국에 말아 국밥과 죽의 중간 정도로 끓이면 겨울밤 든든한 저녁이 되고, 자투리 채소를 다져서 볶아 넣어 꽁꽁 뭉쳐 주먹밥으로 만들면 없던 약속도 만들어 동네 공원에라도 소풍 나가고 싶어진다.

이러한 밥을 잘 먹는 방법은 생명 에너지를 허투루 깎아내 버리지 않은 현미로 지어 먹는 것이다. 같은 밥이라도 백미밥과 현미밥은 아주 다른 밥이다. 수확한 벼를 말린 후 왕겨만 벗겨내 영양이 모여 있는 쌀겨와 배, 배젖을 고스란히 지닌 쌀이 현미고, 정미기로 하얗게 도정한 쌀이 백미다. 현미는 영양의 손실이 거의 없어 지방과 단백질, 비타민 등이 풍부하다. 이런 현미는 잡곡을 넣고 지어 간장만 찍어 먹어도 될 정도로 영양의 보고다. 예전의 현미는 백미보다 '소화가 안 된다.', '맛이 덜하다.'라는 인식이 있어 홀대받았지만, 요즘에는 발아현미 등 맛 좋은 현미가 많이 개발돼 많은 가정에서 사랑받고 있다.

현미밥은 성장기 어린이·청소년을 위한 성장 음식, 노인을 위한 건강식으로도 충분하다. 현미에 많이 들어 있는 비타민 B1은 당질의 흡수를 도와 몸을 튼튼하게 해주므로 한창 자라는 아이들에게 필수이며, 불포화지방산인 리놀산과 비타민 E는 노인들에게 많은 동맥경화의 예방과 치료에 좋다.

현미밥은 다이어트 음식으로도 제일이다. 다만 현미가 백미보다 칼로리가 적다고 생각하는 사람이 많은데, 냉정하게 이야기하면 현미가 미세한 차이로 칼로리는 더 높다. 실제로 백미 1공기 210g은 313㎉, 현미밥 1공기 210g은 321㎉다. 그러나 칼로리 영양학만을 맹신해 "현미보다 백미가 다이어트에 좋다."고 오해해서는 안 될 소리다. 현미는 쌀눈과 쌀 껍질의 섬유질과 비타민을 풍부하게 포함해서 몸의 기운을 세우는 에너지가 풍부할뿐더러 소화가 천천히 이루어져 쉽게 배고프지 않다. 또한 현미 속 섬유질은 장의 연동 운동을 촉진해 변비를 예방하고 체내에 축적된 유해 물질을 배출시키는 데 효과가 있어 해독 요리로도 제격이다. 그 밖에도 비장과 위장을 튼튼하게 하고 우울증에도 좋다. 이는 현미밥뿐 아니라 통곡식을 사용한 요리인 잡곡밥이나 호밀빵, 잡곡빵 등에도 해당하는 효능들이다.

이렇게 알토란같은 현미밥, 식었다고 외면할 수 없다. 재주 많은 현미밥은 찬밥이 되어도 제 몫을 톡톡히 한다. 오히려 더 맛있는 요리로 재탄생하니, 나는 가끔 찬밥이 반갑다. 남은 현미밥은 냉장고에 시원하게 보관했다가 볶은 아몬드와 두유와 함께 보드랍게 갈아 짭짤 달콤하게 간해서 수프로 먹는다. '하루 묵은 카레가 맛있다.'라는 말이 있던데, 하루 묵은 아몬드수프는 더 맛있다. 냉장고에서 하룻밤 고요한 잠을 잔 수프를 꺼내 컵에 담고 다진 아몬드를 뿌리면 찬밥의 환골탈태에 눈과 마음이 벌써 포만감을 느낀다.

아몬드수프

두유 ⋯ 3컵
찬 현미밥 ⋯ 3큰술
아몬드 ⋯ 2큰술
원당 ⋯ 1큰술
소금 ⋯ 1작은술

❶ 아몬드를 노릇하게 볶아 식힌 뒤 물에 담가 불려 두고, 현미밥은 시원하게 냉장 보관해 둔다.

❷ 분쇄기에 ❶의 불린 아몬드와 두유를 조금 넣고 갈다가 부드러워지면, 현미밥, 두유, 원당, 소금을 넣고 곱게 간다.

❸ ❷를 냉장고에서 하룻밤 숙성한다.

❹ ❸의 수프를 컵에 담아내고 다진 아몬드를 고명으로 뿌려낸다.

> 소화기가 약한 사람은 엿기름 우린 물을 수프에 섞어 하룻밤 숙성시킨 뒤 음료수처럼 마시거나, 살짝 끓여서 마시면 좋다.

말캉말캉
부드러운 혈압약

연두부냉채

　음양오행이며 음식궁합이며 열심히 가르치고는 있지만, 글을 읽지 못하는 시골 촌부도 실천하고 있는 가장 쉬운 건강법을 놓치지 않으려 애쓴다. 제철에 제 땅에서 나는 채소와 과일을 고루 먹는 것이다. 산삼처럼 구하기 힘든 것은 먹어도 아주 귀하게 여겨 적게 먹거나 안 먹어도 잘 살 수 있고, 쌀처럼 흔히 나는 것은 늘 먹어야 한다. 자연이 이미 그렇게 마련해 주고 있음이다. 봄에 따뜻해지는 날씨에 미처 적응하지 못하는 사람을 위해 땅에는 몸을 깨워 춘곤증을 떨어지게 만드는 쌉쌀한 맛의 봄나물이 돋아나는 것처럼. 그러니 큰 노력 없이 쉽게 먹을 수 있는 것들을 많이 먹고 무리해서 물 건너온 음식들은 안 먹으면 건강하다. 멀고 긴 여행을 하기 위해 온갖 약품을 뒤집어쓴 서양 과일과 채소에 눈길 줄 필요도 없는 것이다.

그런데 몸에 병이 깊을 때는 이야기가 좀 달라진다. 그저 골고루 먹는 게 아니라 환자의 몸에 좋은 것을 골라 골고루 먹는 지혜가 필요해진다. 요즘 현대인에게 가장 흔한 병이 아마도 혈압병일 것이다. 고기, 술, 담배와 과로가 혈관을 막아 동맥경화증을 부른다. 이런 이들은 모든 나쁜 음식을 끊고 콩으로 만든 음식을 열심히 먹기만 해도 많이 나아진다. 콩속의 레시틴과 비타민이 피를 맑게 하고 혈관을 뚫어주니 말이다. 콩밥과 콩샐러드, 두유 등의 음식도 좋지만, 두부를 이용하면 더 다양하게 만들어 먹을 수 있다. 콩의 식감과 두부의 식감이 영 다르니, 영양은 같되 느낌은 다른 음식이다. 콩이 두부가 되는 놀라운 변신에 이로써 한 번 더 감동하고 감사하다.

두부 요리는 무궁무진하다. 아이들에게 두부 요리를 대보라고 해도 대번에 대여섯 가지는 댄다. 가격도 싸고 조리하기도 편해 아침저녁으로 주부들이 애용하는 재료이기 때문이다. 두부부침, 두부찌개, 두부조림, 순두부, 생식두부, 두부샐러드, 두부완자, 두부튀김, 마파두부, 두부탕……. 두부의 담백한 맛과 무색무취함은 어떤 양념과도 어떤 조리법과도 금세 친해진다. 채식 포럼 등의 행사 만찬 식단을 짤 때도 두부 요리를 빼놓지 않는다. 광주 NGO 글로벌 포럼 '기후변화, 에너지, 그리고 식량'의 참가자들을 위한 채식 뷔페를 준비할 때도 두부냉채를 포함했다. 두부는 사람 대부분이 좋아하는 재료며 다른 요리들과도 조화를 잘 이루므로 항상 인기가 있다.

두부 요리를 혈압병 환자가 먹을 때에는 일반식보다 소금이나 간장 등을 적게 써서 밋밋한 맛으로 조리하는 게 좋다. 혈압에는 짠 것이 독약이기 때문이다. 처음에는 좀 힘들지만, 일주일 정도면 짜게 먹던 입맛도 금세 싱겁게 먹는 것에 익숙해진다. 두부는 여러 음식 중에서도 특히 간을 하지 않고도 맛있게 먹을 수 있는 음식이라 짠 입맛 되돌릴 때 유용하다. 피치 못하게 외식이나 매식을 해야 할 때는 찌개나 국에는 뜨거운 물을 반 컵 부어 싱겁게 만들고, 이전보다 반찬을 덜 집어 먹는 식으로 조심하면 늘 싱거운 입맛을 유지할 수 있다. 입맛이 좀 짜졌다 싶으면 간을 안 한 맨 두부로 한두 끼 식사하면 이내 입맛이 회복되기도 한다.

연두부냉채는 보통 두부보다 말캉하고 보드라운 연두부에 김과 대파, 콩단백 무친 것을 얹어 먹는 음식이다. 콩으로 쑨 두부에 콩단백을 얹으니 고혈압 환자에게 이보다 좋은 약이 없다. 김도 고혈압 환자에게 이로운 음식이니 소금간 안 한 맨 김으로 충분히 뿌려 먹어도 좋겠다. 이 음식은 아침 식사나 간식으로도 좋고 입맛 없을 때 양을 늘리고 샐러드를 곁들여 한 끼 식사로 삼아도 영양이 충분하다. 컵에 담아 수저를 사용해 먹는 것이 푸딩이나 아이스크림처럼 재미있는지 어린아이들도 스스로 곧잘 떠먹는다.

연두부냉채

연두부 … 2모

고명
튀긴 콩단백 … 100g
구운 김 … 2장
고춧가루·통깨·송송 썬 실파
… 1큰술씩
원당 … 조금

양념장
간장 … 4큰술
참기름 … 1큰술
후춧가루 … 조금

❶ 구운 김은 가위로 잘게 자르고, 실파는 가늘게 송송 썰고, 통깨는 절구에 으깨어 준비한다.

❷ 콩단백은 180℃ 온도의 기름에서 바싹하게 튀겨 낸 뒤 잘게 찢어 소금·후춧가루·원당·고춧가루·통깨·송송 썬 실파를 넣어 버무린다.

❸ 분량의 재료를 섞어 양념장을 만든다.

❹ 투명한 컵에 연두부 1/4쪽씩을 담고 ❷의 양념한 콩단백, 잘게 자른 구운 김을 고명으로 올리고 양념장을 곁들인다.

> 콩단백을 조리하는 것이 번거롭다면 가늘게 썰어 조린 우엉이나 석이버섯 볶은 것으로 대체해도 좋다. 고명으로 쑥갓을 잘게 썰어 곁들여도 좋다.

콩단백 조리하기
콩단백을 조리할 때는 물에 1시간가량 불린 뒤 부드러워지면 물기를 꼭 짜고 채소나 버섯을 곁들여 튀김, 조림, 볶음 등으로 활용수 있다.

감기 걸려
행복한 날

배약선찜

젖은 수건을 잔뜩 널어놓거나 가습기를 틀어 촉촉해진 방, 어머니가 계속 갈아주시는 차가운 물수건, 열은 끓고 온몸이 쑤시는데 어쩐 일인지 조금 행복한 기분. 어린 시절 감기 걸려 누워있던 날의 아련한 기억이다. 많은 사람이 어린 시절 감기 걸렸던 날을 꽤 즐겁게 추억한다. 대가족 중심 시대라, 병에 걸리면 온 가족의 염려와 다정한 위로를 독차지할 수 있으니 몸은 아파도 기분은 나쁘지 않았다.

몸살감기에 걸린 아이에게는 달고 부드러운 먹을거리가 주어졌으니, 어떤 아이들은 친구가 기침할 때마다 그 앞에서 기웃거리는 꾀를 쓰기도 했다. 나는 그 정도로 철이 없지는 않지만, 추운 날 밖에서 늦게까지 놀다가 행여 감기에 걸리면 본격적으로 배찜을 기다렸다. 그 귀한 서양 과일 바나나도 아니고, 고소한 잣죽도 아니고 오로지 배찜!

배의 과육을 파내고 흑설탕, 인삼, 은행, 생강 등을 넣고 오래오래 쪄내는 배찜은 달착지근한 배 물과 숟가락으로 푹 떠서 먹는 익은 과육의 맛이 참으로 좋았다. 껍질만 얇게 벗겨 아삭아삭 베어 먹는 배의 시원한 맛도 일품이지만 익은 배는 그것대로 식감과 풍미가 독특했다. 게다가 모든 과일은 익히면 맛이 몇 배로 달아진다. 배찜은 매우 달긴 단데, 설탕의 단순한 맛이라기보다는 조청이나 꿀처럼 깊고 향기로운 단맛이었다. 뜨끈한 배 물을 쭈욱 들이켜고 한잠 자고 일어나면 모래가 낀 듯 서글거리던 목도 매끄러워지고 기침도 잦아들었다. 거뜬하게 일어나 학교에 갈 만한 체력이 됐다. 배찜만한 목감기, 열감기약이 없었다.

'매일 아팠으면 좋겠다.' 생각도 잠깐 할 정도로 그 맛있던 어머니식 배찜을 약재료를 다양하게 넣어 만든 게 배약선찜이다. 배에 호두와 은행 등의 견과류를 두세 줌, 귀한 수삼을 몇 뿌리, 달고 끈끈한 성분이 몸을 보하는 대추, 향기도 좋고 비타민이 많은 유자청과 귤껍질을 듬뿍, 거기에 기력을 보하는 홍삼진액을 약간 넣어 한 시간 동안 정성 들여 찌면 천연 감기 회복제 배약선찜이 완성된다. 푹푹 쪄지는 동안 온 집안에 생강 향기와 홍삼과 수삼향 등 약재의 향이 가득 피어오르니, 냄새만 맡아도 감기가 절로 낫는 듯도 하다.

배는 기침과 가래를 제거해주는 데 탁월하고, 과실 자체의 찬 성질에도 불구하고 소화에 좋고 소변, 대변의 배출에 이로워 몸에 열을 내리게 한다. 또한 시원한 배만 먹어도 물 마실 필요가 없을 정도로 갈증 해소에 좋으니 목과 입술이 마르기 쉬운 감기에 이보다 좋은 약이 없다. 술을 많이 마셔 숙취에 시달릴 때도 배를 먹으면 좋다. 감기의 증상들이 숙취의 열 오름, 울렁거림, 갈증 등과 유사하기 때문이다.

배를 먹으면 변비가 낫는다고 하는데 이는 배의 독특한 석세포 덕이다. 어른들이 "배 먹으면 이 안 닦아도 된다."라고 할 때도 석세포 때문이다. 석세포는 배의 씨앗 둘레에 특히 많은 거슬거슬한 알갱이로 너무 많으면 배가 맛이 없지만, 적당하면 서걱서걱해서 씹는 맛이 좋다. 배의 씨앗을 보호하려고 생존을 위해 만들어진 석세포가 맛에도 좋고, 소화 작용도 하니 배가 저 살려고 한 일이지만 인간에게는 참 고마운 일이다.

배약선찜

배(큰 것) … 4개
호두·대추 … 8개씩
은행 … 12알
수삼 … 2뿌리
생강 … 2톨
유자청 … 4큰술
홍삼진액 … 4작은술
계핏가루 … 2작은술
통후추 … 12알
귤껍질 … 20g

❶ 배는 껍질째 잘 씻은 뒤 위 뚜껑 부위를 잘 잘라 내고 속을 숟가락으로 파낸다.

❷ 생강과 수삼은 편으로 썬다. 호두는 작은 조각으로 떼고 대추는 씨를 발라 준비한다.

❸ ❷의 손질한 재료를 한데 모아 유자청, 홍삼진액, 계핏가루, 귤껍질, 통후추를 넣고 고루 섞는다.

❹ ❶의 속을 파낸 배 속에 ❸의 속 재료 1/4을 넣고 배 뚜껑을 덮은 뒤 찜솥에 넣어 뚜껑을 닫고 중약불에서 1시간가량 푹 찐다.

❺ 1시간 후 배를 꺼내어 국물과 같이 먹는다.

감기 치료법

한기로 인해 감기에 걸리면 초기에 냉수, 과일샐러드, 생채소는 피해야 한다. 해열제나 얼음찜질은 감기를 더욱 심하게 할 수도 있다. 이때는 옷을 따뜻하게 입고 사우나나 집에서 땀을 낸 뒤 바람이 들어가지 않도록 옷을 든든하게 입은 후 푹 자는 것이 좋다. 이때 배약선찜을 함께 하면 매우 효과가 좋은 감기 치료 식품이다. 없는 재료 한두 가지는 빼고 조리해도 되며, 열이 많은 체질은 수삼과 홍삼을 빼고 대신 구기자를 넣으면 좋다.

채식을 선택하는 이유는 다양하다. 위중한 병에 걸려 건강의 소중함을 알게 되어서, 체중을 감량하려고, 자녀의 아토피 때문에, 지구온난화를 해결하고 환경을 보호하기 위해, 그리고 동물권의 수호를 위해 우리는 무분별한 육식과 결별한다. 실제로 수많은 배우, 뮤지션, 과학자, 정치인 등의 유명 인사들이 일평생 철저히 채식을 실천하고 그로 인해 그들의 분야에서 더 많은 성과를 내왔다. 최근 우리나라에서도 임수정, 박진희, 이하늬 등의 유명인이 채식 전도사를 자처해 채식 열풍을 불러일으키고 있다.

우리나라에 비해 서구사회는 일찍이 채식이 자리를 잡았다. 세계적 과학자 알베르트 아인슈타인과 토머스 에디슨, 정치 지도자 마하트마

간디와 마틴 루터킹, 배우 앤젤리나 졸리와 브래드 피트, 나탈리 포트먼, 귀네스 팰트로 등이 잘 알려진 채식인이다. 이들은 평생에 걸쳐 채식을 철저히 수행하고 그로 인해 몸도 마음도 더욱 건강한 삶을 살았다. 그들은 현재의 채식인들에게 좋은 모델이 되어준다.

"육식을 한다는 것은 불과 몇 시간 전까지 하나의 생명체로 여기고 그들의 눈 속에 우리 자신을 비추어 본 동물을 죽이는 게 아닌가?"
-소크라테스

"만일 모든 도축장이 투명유리 벽으로 되어있다면 우린 모두 채식주의자가 될 것이다."
-폴 매카트니

건강상의 이유로 채식을 선택하는 이가 비교적 많은 우리나라와 달리 서구의 채식인들은 동물에 대한 사랑이 근본을 이루는 경우가 주이다. 동물권을 수호하기 위해 채식을 선택하는 사람들은 '생명사랑', '측은지심'이 강한 이들이다. '다른 생명의 살을 취하지 않겠다.'라는 생각이 채식 실천으로 드러나는 것이다. 그렇기에 고양이나 강아지 등 반려동물을 키우다가 동물의 고통에 공감하게 되어 채식을 시작하는 사람들이 많다.

실제로 현대인이 먹는 고기는 공장식 축산농장에서 생산된다. 소, 닭,

표고홍합

불린 건표고버섯 … 10개
오렌지 … 2개
치커리 … 한 줌
오이·당근 … 1/2개씩
어린잎채소·전분가루·찹쌀가루
… 약간씩

양념장
고추장 … 1큰술
조청 … 2큰술
생수 … 1큰술
버섯시즈닝·후춧가루·참기름
… 약간씩

① 건표고버섯은 생수에 1시간가량 불린 뒤 부드러워지면 기둥을 떼고 물기를 제거한 다음 갓에 칼집을 넣는다.

② 오이와 당근은 필러로 얇게 벗긴 뒤 둘을 포개어 둥글게 만든다.

③ 전분가루와 찹쌀가루를 1:1로 섞은 뒤 ①의 표고버섯을 넣고 앞뒤로 묻힌 뒤 둥글게 만든다.

④ 분량의 고추장과 조청에 생수 조금을 넣어 양념장을 만든다.

⑤ 180℃의 기름에 ②의 표고버섯을 바싹하게 튀긴 다음 다른 팬에 ③의 양념장을 두르고 살짝 조린다.

⑤ 접시에 적량하게 뜯은 치커리와 ②의 오이당근롤, 어린잎채소를 깔고 ④의 조린 표고버섯과 오렌지를 보기 좋게 담아낸다.

124

돼지들은 몸만 겨우 들어갈 수 있는 정도의 좁은 공간에서 각종 항생제가 섞인 사료를 먹고 자라며 마취도 하지 않은 상태에서 잔인한 방법으로 도살된다. 미국에서만도 하루 십만 마리의 소가 도살된다. 육류 소비량이 계속해서 늘고 있기 때문이다. 우리나라도 별다르지 않다. 몇 년 선 유례없는 구제역 파동을 방송 뉴스를 통해 접하며 '이렇게 해서까지 고기를 먹어야 할까?'라는 생각에 채식을 시작했다는 사람을 많이 접했다. 새끼와 어미가 산채로 거대한 구덩이에 매몰되는 영상을 보며 차마 고기를 입에 넣을 수 없었다고들 했다.

동물도 인간과 마찬가지로 제 삶에 대한 의지와 욕구가 높고 자신과 가족에 대한 사랑이 넘치는 생명이 있는 존재들이다. 말 못 하는 동물이라고 해서 죽음의 고통이 없을 수 없다. 도살될 때 동물들은 폭력의 기운을 감지하고 어마어마한 좌절감과 고통, 두려움, 비탄에 빠진다고 한다. 그래서 죽음의 순간 동물의 몸에는 생화학적인 급격한 변화가 일어나 유독한 물질이 발생한다는 것이다. 고로 빛과 생명이 부족한 육식과 인스턴트만 섭취하면, 독성 가득한 음식을 우리 몸에 집어넣게 되는 것이다. 육식을 많이 하며 자란 아이들이 선한 마음과 자비심 없이 조급하고 폭력적인 심성으로 자라나는 것은 당연할 것이다.

생각은 실천으로 이어져야 한다. 끔찍한 고통 속에 죽어가는 동물의 눈망울을 보고 가슴이 아팠다면 고기 대신에 채소와 버섯, 과일을 선택하자. 단번에 동물성 식품은 전혀 먹지 않는 '완전채식인'이 되기 어렵다면 유제품, 달걀, 닭고기 등을 차례대로 끊어가며 채식인의 단계를 서서히 밟아 가면 된다.

그러나 식습관을 바꾸기란 얼마나 어려운 일인가. 머리로는 선한 마음과 자비심으로 올바른 식습관을 받아들이지만, 입에 길든 맛을 하루아침에 끊어내기란 여간 어려운 일이 아니다. 이럴 때, 고기 맛과 식감이 그리워질 때 먹으면 좋은 요리가 있다. 표고홍합이다. 표고홍합은 불린 건표고에 전분과 찹쌀가루를 묻혀 씹는 맛을 좋게 하고, 기름에 튀겨내 매콤달콤한 소스에 졸인 것으로 고기 요리의 식감과 풍미를 잊지 못하는 사람들에게 특히 권하는 요리다. 표고버섯은 채식 요리의 국물로도 널리 쓰여 채식인이 가장 사랑하는 재료 중 하나이기도 하다. 주방에 상비해 두면 여러모로 쓰임이 많을 것이다.

PART 2

마음을 평화롭게,
채식

비 오는 날엔
감자 '대충'떡

감자팬케이크

비오는 날을 좋아한다. 흙 위에 빗방울들이 후둑, 후드득 떨어지며 자아내는 냄새가 참 좋다. 보슬보슬 내리는 어린 비 정도는 까짓거 좀 맞아주어도 괜찮다. 본격적으로 쏟아지는 비가 아니라면 거치적거리는 우산 따위 들지 않고 그냥 걷는다. 귓가에 스치는 빗방울이 간질간질, 풀잎들처럼 꽃잎들처럼 온몸으로 반갑게 비님맞이. 걷다 보면 어릴 적 비오는 날 기억이 난다. 온 가족이 힘 모아 농사짓던 시절, 비가 오면 밭일을 못하게 된 식구들이 하나둘 집안으로 모여들었다. 어린 우리는 비야 오든 말든 강아지처럼 뛰쳐나가고 싶었지만, 할아버지 불호령을 거역할 수 없었다. 시무룩하게 원망스러운 비놈을 바라보고 있던 우리 귀에 들리는 기쁨의 주문. "거, 감자랑 밀가루 있거든 떡 조금 쪄 보거라."

척하면 척하니까 가족이다. 어머니는 이미 솥에 물을 올리고 계셨다. 대가족 먹을 엄청난 양의 감자를 한알 한알 깎고 계실 어머니 걱정에 나는 냉큼 부엌으로 뛰어 들어가곤 했다. 부엌에는 하지감자를 캐다 담아 놓은 자루가 기다리고 있었다. 자루에서 감자를 골라 물에 씻고 껍질을 벗기는 것까지가 보조요리사의 몫이다. 그 시절에 먹던 감자떡은 요즘 쉽게 사 먹을 수 있는 강원도식 감자떡과는 만드는 방법도 모양도 사뭇 달랐다. 그야말로 '대충떡'이다. 쑹덩쑹덩 아무렇게나 썬 감자를 물에 슬쩍 헹궈서는 밀가루를 뿌려둔다. 감자 표면에 묻은 물에 밀가루가 쩔썩쩔썩 잘도 달라붙는데, 그게 그렇게 뿌듯했다. 이상스레 기분이 좋았다. 밀가루와 감자가 고루 섞일 즈음이면 마침 솥의 물이 퍼르르 끓고 있다. 삼발이 위에 천 한 장, 그 위에 밀가루 묻은 감자를 고르게 올려 십오 분 가량 쪄내면 끝이다. 뜨거운 것을 툭, 뒤집어 담아 채반째 마루로 내면 된다.

천천히 먹어라, 어머닌 당부하시지만, 형제들은 감자떡을 꿀떡꿀떡 삼키고는 물을 들이켜곤 했다. 그러다 할아버지께서 "남은 거 늬들 먹어라."하고 방으로 들어가시면 우리는 한껏 신이 났다. 막내둥이는 떡 찔 때 받쳤던 천에 붙은 밀가루를 앞니로 악착같이 갉아 먹었다. "맨날맨날 비 왔으면 좋겠어요." 이런 이야기를 하면서 어머니를 바라보기도 했던 것 같다. 한낮의 조그만 잔치, 그날의 풍경, 잘 쪄진 감자는 폭폭한 맛, 약간 눌어붙은 밀가루떡은 달달한 맛, 그 어우러진 맛이 비만 오면 지금도 혀끝에 감돈다.

요즘도 비가 오면 어쩐지 입이 궁금하다. 그럴 때면 큰딸 수민이를 부엌으로 불러다 감자를 가지고 함께 간식을 만든다. 어릴 때는 내가 어머니를 도왔고 이제는 이 녀석이 나를 돕는다. 나는 감자를 썰고 아이는 반죽을 젓는다. 감자떡을 쪄 주기도 해 봤지만, 아이는 원체 탄수화물로만 이뤄진 음식보다는 채소가 듬뿍 들어간 음식을 좋아한다. 감자떡은 아쉽지만, 이야기로 들려주면서 감자채와 채소 씹히는 맛이 좋은 팬케이크를 구워 주기로 한다. 감자와 양파를 가늘게 채 썰어서 통밀가루를 섞어 기름에 구우면 된다. 냉장고를 뒤져 당근과 애호박이 있으면 채 썰어 더해도 좋다. 감자와 밀가루는 어떤 재료와도 조화롭게 어울러 맛을 낸다. 이 요리는 감자전이나 감자부침개와 비슷하지만, 감자채의 전분기를 빼고 만들어 좀 더 바삭바삭하다는 점이 특별하다. 작게 잘라 밥에 한 쪽씩 얹어 먹으면 반찬으로 좋고, 새파랗게 삶아낸 완두콩과 곁들이고 샐러드와 함께 내면 끼니로도 든든하다. 기름을 둘러 구워서 열량이 높아 체온이 떨어지는 것을 잡아주니 비오는 날 이만한 간식이 없다.

감자팬케이크

감자 … 3개
양파 … 1개
애호박·양배추·완두콩 … 50g씩
파슬리잎·감자전분·소금·후춧가
루·생수 … 조금씩

❶ 감자, 애호박, 양배추, 양파는 가늘게 채 썰고, 파슬리잎은 잘게 다진다.

❷ 믹싱볼에 ❶의 준비한 채소들과 통밀가루, 소금, 후춧가루, 생수를 넣고 농도를 맞춰 반죽한다.

❸ 팬에 기름을 두르고 ❷의 반죽을 한 국자씩 넣고 앞뒤로 노릇하게 부쳐낸다.

❹ 제철 과일과 피클, 샐러드 등을 조금씩 곁들여 낸다.

채소와 한바탕
놀아 재끼기

그린샐러드

오렌지주스 광고문구 만드는 과정을 본 일이 있다. 껍질을 까서 알맹이를 먹어 보는 것은 기본, 짜 먹어 보고, 잼으로도 끓여 보고, 샐러드로도 만들어 본다. 잔뜩 먹어 오렌지라면 울렁거릴 지경, 그래도 재도전이다. 킁킁 향기를 맡아보고, 껍질을 세로로도 가로로도 찢어보고, 칼로도 베어보고, 던져보고 굴려보며 찔러도 본다. 불을 끄고 보고, 켜고 보며, 하나만 두고 보다가 여러 개를 쌓았다 쓰러뜨리기도 한다. 그래도 한 줄 카피는 영 떠오르질 않고, 좌절한 카피라이터는 오렌지로 애꿎은 머리통을 쿵쿵 찧다가 오렌지 관찰의 기나긴 여정에 지쳐 책상에서 잠이 든다. 그러다 꿈에서 불현듯 아이디어를 얻기도 한다. 이렇듯 지난하고 어려운 과정을 통해서 겨우 한 줄의 광고문구가 탄생한다.

광고문구 한 줄 쓰기가 이런데 요리야 말할 것도 없다. 채소, 과일, 곡식의 색깔과 향기, 맛과 식감, 수분량 등을 파악하는 게 요리의 첫째다. 그러므로 요리 잘하는 사람은 식재료를 눈과 귀, 코와 손으로 느낀다. 온몸으로 감각을 향유한다. 그러는 동안 요리하는 이의 마음은 그 재료와 흠뻑 사랑에 빠지게 된다. 당연히 그 사람이 결과물은 맛있는 요리다. 맛이 없으려야 없을 수 없다. 그런 고로, 새로운 요리를 개발하기 전에 미리 조리법을 써 두는 경우는 별로 없다. 수식과 계량으로 하는 게 아니라 감각으로 하는 게 요리이기 때문이다. 창의적인 요리사는 '이 재료의 맛과 향과 질감이 저 재료와 과연 잘 어울릴까?'라는 상상을 늘 달고 산다. 재료들 고유의 특성을 이미 잘 알고 있어서, 상상은 꼭 들어맞는다.

요리사들 머릿속 조리법은 활자가 아니라 감각으로 저장된 경우가 많다. 예컨대 소금 한 줌의 양을 엄지와 검지의 끝이 기억하고, 찌개 불을 줄여야 할 때의 '자작자작' 소리를 귀가 기억하고, 이 시금치가 국으로 가야 할지 무침으로 가야 할지 그 싱싱한 정도를 눈이 기억하는 것이다. 그러다 보니 요리 강연 중 이런 상황이 종종 발생하곤 한다.

"선생님, 양념 분량을 좀 더 정확히 알려 주세요."

"글쎄요, 저는 그때의 상황에 따라 적당하게 조절합니다."

"'적당히'가 어느 정도예요? 너무 어려워요."

그 심정, 잘 안다. 초보 요리사에게 '적당히'란 단어가 얼마나 어려울까. 저 멀리 이국의 언어보다 이놈의 한국말이 더 낯설 것이다. 그러나

그린샐러드

양상추·잎채소 ⋯ 100g씩
노랑·빨강 파프리카 ⋯ 1/2개씩
당근·오이·식용꽃·딸기·오렌지·비
트·피스타치오 ⋯ 조금씩

복분자드레싱
복분자효소 ⋯ 1컵
파인애플 ⋯ 200g
레몬즙 ⋯ 5큰술

❶ 양상추는 한입 크기로 뜯고, 파프리카는 한입 크
기로 잘라 냉수에 함께 20분쯤 담가 두었다가, 체
에 밭쳐 물기를 제거한 뒤 냉장고에 넣어 둔다.

❷ 당근, 오이는 필러로 얇게 저민 후 두 개를 겹쳐
둥글게 만다.

❸ 믹서에 복분자효소와 파인애플, 레몬즙을 넣고
곱게 갈아 복분자드레싱을 만든다.

❸ 접시에 준비해둔 채소들을 보기 좋게 담은 후 복
분자드레싱을 뿌리고 식용꽃과 과일로 장식한다.

*복분자효소 만들기 141쪽 참조.

'적당히', '알아서', '때에 따라' 등의 용어들이 빛을 발할 때가 온다. 그러니 너무 속상해하지 않기를.

예컨대 사 온 배추의 속을 갈라보니 벌레가 먹고 색도 깨끗하지 않은 경우가 있을 것이다. 이때 조리법에 '소금으로 주물주물'이라고 적혀 있다고 해서 소금만 가지고서 말갛게 무치면 맛도 어딘가 부족하고 보기도 좋지 않을 것이다. 모든 조리법은 싱싱하고 질 좋은 재료를 가정하기 때문이다. 그럴 때는 된장이나 고추장처럼 향과 맛이 강하고 빛깔도 짙은 양념을 선택해야 한다. '소금 몇 스푼'을 달달 외우는 게 아니라 '소금 아니라 어떤 양념이라도 오케이!'라는 마인드가 좋은 요리를 탄생시킨다.

그린샐러드는 채소와 한바탕 놀아 재끼기 적합한 요리다. 서투른 솜씨로도 망하려야 망할 수가 없다. 행여 망하면 어떤가, 휘리릭 믹서에 갈아서 약이라 생각하고 후루룩 마셔버리면 되지!

이 요리는 재료가 엄격하게 정해진 것이 아니어서 장보기 과정부터 흥이 난다. 푸릇푸릇 양상추, 빨강·노랑 파프리카의 색을 눈이 시도록 맛본다. 가장 저렴하고 가장 맛있는 채소를 고르려니, 당연히 제철 채소가 무엇인지 알게 된다. 뭐든 제철에 나오는 것이 싸고 맛이 좋으니까.

그다음엔 장바구니에서 쏟아 낸 길고 짤막하고 둥글고 얇고 두꺼운 채소들을 손으로 마구 뜯으며 즐거워한다. 각종 채소와 잘 친해 두면 다른 요리에 넣을 때도 딱 맞는 자리를 찾아 줄 수 있게 된다. 샐러드에 끼얹는 소스도 내 맘대로다. 몸이 피곤하면 새콤달콤한 소스를, 채소 과일이 시들었다면 조금 센 맛의 소스를, 냉장고의 두부가 내일까지면 두부마요네즈소스를 곁들이면 된다. 이렇게 자기 주도적인 요리를 시작하게 되면 채식 생활은 한결 즐거워진다.

짚단 다섯 개,
배 한 자루

배복분자절임

어린 시절의 나는 늘 조용하고 어머니를 도와 부엌에 있기를 좋아하는, 튀지 않는 성격이었다. 한데 딱 한 가지, 동네에 짜자라하게 소문 난 것이 있었다. 먹고 싶은 것이 있으면 무슨 수를 내서건 기어코 맛을 보고야 만다는 것! 그것 하나만큼은 굉장한 오기를 발휘했지만, 시절이 시절이니만큼 먹을 것이 도처에 풍족하지 않다는 게 문제였다. 특히나 과일이 그랬다. 지금은 철이 아니더라도 하우스 재배며 수입 과일들로 사계절 내내 오색찬란 다양한 과일들을 맛보고 살지만, 그때의 아이들은 꼴깍꼴깍 침 삼키며 상상만 했다. 행여 철이 돌아와 나무마다 주렁주렁 열매가 열려도 나무만 하염없이 올려다보았다.

수박이나 딸기처럼 밭에 줄기로 뻗어서 몰래 숨어들어 서리라도 할 수 있는 과일은 어찌어찌 맛을 봤지만, 감이나 배처럼 높이 열리는 과일들은 쉬이 들키니 엄두도 못 냈다. 설이나 추석 차례상에 올랐던 과일도 할아버지 할머니께 먼저 드리게 되니 서너 명의 형제자매가 배 한 알에 매달려야 했다. 일단 내 손에 쥔 과일은 누가 뺏어 먹지 못하게 침을 휘둘러 바른 후 껍질은 물론 씨까지 꼭꼭 씹어 먹었다. 옛날 과일은 씨도 달았는지 아니면 귀해서 달게 느껴졌는지 그저 "달다, 달다." 하며 아껴 먹었다.

그런데 초등학교 3학년 때인가 4학년 때인가, 하여간 어느 늦가을. 명절도 아닌데 그 배 한 개가 너무도 먹고 싶은 거였다. 희한했다. 그깟 배 한 개, 꼭 먹고야 말리라는 생각밖에 없었다. 수업이 머리에 안 들어왔다. 학교 다녀오는 길, 친구더러는 먼저 가라 하고 배농사 짓는 아저씨 댁에 들러 문을 두드렸다.

"아저씨, 배 얼마면 사요? 제가 꼭 먹고 싶은데 돈이 별로 없어요. 그런데 한 개 정도는 살 수 있을 것 같아요."
아저씨가 '이놈 보게.' 하는 표정으로 내려다보았다.
"배 한 개 20원이다."

냉큼 집으로 달려가 내 방문을 열고 팔 만한 것을 찾았다. 꼭 오늘 안에 먹어야 했다. 한 입 베어 물면 단물이 쭉 흐르는 배! 아삭아삭 샤그그한 배! 손에 묻은 단물까지 쪽쪽 빨아먹도록 맛있는 배! 아아 세상에 이렇게 맛있는 게 또 있을까.

그런데 세상에나, 가난한 내 방에는 도무지 내다 팔 거라곤 없었다. 장롱을 죄다 뒤집어도 텅텅 빈 내방, 한두 벌 가지고 돌려 입는 셔츠와 바지를 팔면 뭘 입고 산며 교과서를 팔면 학교는 어찌 기니. 그때 좋은 꾀가 났다. '그래, 짚단을 모아다 팔자!' 때는 마침 가을걷이 후, 논에는 알곡을 털어내고 남은 짚단들이 널려있었다. 짚단 다섯 묶음을 등에 지고 과수원에 찾아갔다. 짚단을 짊어진 나를 바라보는 아저씨의 눈이 휘둥그레 커졌다가 작아지며 미소를 지었다.

"어디 보자. 많이도 모아왔구나. 옜다, 파과 1자루 가져가려무나."

흠이 나서 내다 팔 수 없는 배 한 자루. 빈 비료 포대 안에는 달고 물 많은 배가 스무 개에서 서른 개는 족히 들어 있었다. 설레는 맘에 무거운 배자루를 지고 논두렁길을 빠져 가면서도 빠르게 걸어 집에 돌아와 드디어 배를 베어 물었다. 단물이 입 안에 가득 고였다. 식도로 시원한 즙이 흘러 내려가는 게 느껴졌다. 배 꼭지와 씨만 퉤 뱉고 모조리 아작아작 씹어 먹었다. 내 평생 최초로 혼자 한 알을 다 먹은 배, 그 싱그러운 맛을 어른이 된 지금도 결코 잊을 수 없다.

그때 귀했던 배가 지금도 여전히 귀하다. 그래도 과일가게에 가서 살수가 있다. 명절이면 상자로 선물도 들어온다. 간혹 뭉크러질까 봐 염려돼 배즙으로 만들어두는 가정도 많다. 귀한 배를 마음껏 먹을 정도로는 잘살게 됐다.

껍질만 얇게 벗겨내 조각내어 먹어도 달콤 시원한 배, 후춧가루를 박아 도라지청과 함께 푹 익혀 배숙으로 먹으면 목이 안 좋거나 감기 기운이 있을 때 약이 된다. 이런 배를 더 귀하게 만들어 먹는 요리가 있다. 배 복분자절임이다. 복분자로 만든 검붉은 소스에 도톰하게 썬 배 조각을 절여서 먹는 음식이다. 배의 찬 성질을 복분자의 따뜻한 성질이 보완해 주니 소화도 더 잘 되고 음양의 균형이 잡힌다. 복분자의 붉은 색깔과 독특한 풍미가 가해져 일반 당조림보다 품격 높은 요리가 되니 귀한 손님에게 내거나 어른께 드릴 선물로도 좋다. 배는 피로 해소와 해열, 거담 효능이 있고 복분자는 사람의 원기를 회복시키는 재료이니 환자 영양식으로도 좋겠다. 평소에는 식사 전에 애피타이저로 한 조각 정도 먹으면 입맛을 살아나게 한다.

배복분자절임

배 … 1/2개
키위 … 2개
복분자효소 … 1컵
오디 … 4큰술

❶ 배는 껍질을 벗긴 뒤 얇게 썬다.

❷ 복분자효소에 배를 담가 냉장고에서 하룻밤 숙성시킨다.

❸ 키위는 껍질을 벗겨 한입 크기로 썰고, 오디는 잘 씻어 물기를 빼둔다.

❹ 접시에 ❷의 설여둔 배를 담고 키위와 오디를 곁들여 전채 요리나 후식으로 낸다.

복분자효소 담그는 법

복분자와 유기농 원당을 1:0.8 정도 비율로 섞어 항아리에 담고 한지로 밀봉한 뒤 시원한 곳에 보관한다. 이때 천일염이나 죽염을 설탕 분량의 0.5%가량 넣어주면 부패도 방지하고 발효에도 이롭다. 항아리에 담아둔 복분자를 처음 3~4일 정도는 매일, 1주일 뒤에는 3일에 한 번씩 저어주어야 밑에 가라앉은 원당이 잘 녹고 산소가 유입되어 발효가 잘된다. 23도 내외에서 7일 정도면 발효가 거의 완성된다.

비우라,
그러면 차고 넘치리니

콩비지크림수프

어느 날 한 친구가 내게 물었다.

"이 세상 떠나기 전, 마지막 만찬으로 무엇을 고르겠어요?"

"할 수만 있다면 아무것도 먹고 싶지 않아요."

그때 그이의 허탈한 표정이란!

친구가 말하기를, 내가 운영하는 채식식당 메뉴 중 한 가지일지, 아니면 조리하지 않은 날 것의 채소일지가 궁금했단다. 다른 사람들은 뭐라 답하더냐며 물으니 참 다양하다 한다. 어린 시절 어머니께서 도시락 반찬으로 지겹도록 싸 주시던, 그래서 투덜거리며 억지로 씹었던 묵은지무침. 신혼 시절 아내가 의기양양한 표정으로 내놓았던 짜고 달고 설컹거렸던 감자조림. 유학 중 타지에서 몸져누웠을 때 룸메이트가 힘들게 재료를 구해다 끓여준 된장국…….

모두 추억을 소환하는 맛이다. 진귀한 재료와 일류 요리사의 손길이 닿은 고급 요리가 아니다. 그리고 사랑의 맛이다. 눈을 감기 전의 사람은 자신이 가장 사랑스러웠던 때, 그리고 누군가를 가장 사랑했었던 시간을 돌이켜 보려는 듯싶다고 친구와 이야기를 나눴다.

내게도 그러한 시간과 그 시간을 함께했던 음식들이 있으니, 잠시 고민을 해 보기로 한다. 그러다 금세 고개를 가로젓는다. 결국 '역시 아무것도 먹고 싶지 않다.'라는 결론으로 되돌아온다. 요리사라는 직업에 어울리지 않는 대답일지도 모르겠다. 신선한 채소를 볶고 끓이고 구우며 그 온기와 향기를 음미하는 것, 그리고 내가 만든 요리를 맛본 사람들의 얼굴 위에 피어오르는 표정을 바라보는 것이 최고의 행복임에도 불구하고 먹는 기쁨보다는 먹지 않는 기쁨이 내게는 더 크다. 나는 바란다. 흙에서 온 나의 몸이 도로 흙으로 돌아가기 전, 최초의 생명처럼 깨끗이 비어있기를. 영원한 평화를 앞둔 이 몸이 생의 모든 일렁임을 끝내고 내내 고요하기를.

그렇기에 평소에도 나는 종종 굶는다. 며칠 전에도 몸이 영 안 좋아 맑은 물과 죽염, 효소만 간혹 먹으며 나흘을 내리 굶었다. 어찌 보면 결국 닿게 될 죽음을 삶 속에서 미리 연습하고 있는지도. 물에 젖은 솜처럼 팔다리가 무거울 때, 지치고 지쳐 아무런 의지도 욕망도 없어질 때 사람들이 보양식을 먹듯이 나는 굶기를 택한다. 그야말로 '굶기를 밥 먹듯' 하는데, 그것이 참 즐겁다. 지친 몸에 음식물을 집어넣으면 기운이 날 줄 아는데, 실은 그것을 소화하고 분해하느라 없는 기운을 끌어다 쓰게 된다. 가진 것이 없는데 돈 나갈 곳만 많은 집과 비슷하다. 기어코 우리 몸이 마이너스 통장이 된다. 탈이 나고 병이 난다. 집안에 돈이 모자라면 온 가족이 단합해 아끼고 모아야 하듯 우리 몸도 마찬가지다. 먹지 않으면 온몸의 에너지가 모여 아픈 곳을 치유할 힘을 얻게 된다. 또 굶는 동안 장기가 제 모양을 찾게도 된다. 낑낑대며 무리하게 작동하느라 그 모양이 변하고 어딘가 늘어지기도 한 장기들이 본래의 탄력을 찾는다. 그새 떠나갔던 집중력이 돌아오고 몸은 가장 편안한 상태가 된다. 밀린 빨래를 하는 상쾌함이요, 계절 맞이 대청소한 집안 같다.

이렇게 단식을 할 때마다 엉뚱하게도 어릴 적 누렁이 생각이 난다. 시골 본가에서 기르던 누렁이는 제 몸이 아프면 마루 밑에 기어서 들어가 며칠이고 끙끙 앓으며 견디었다. 슬몃 염려스러워 "누렁아, 누렁아. 너 좋아하는 옥수수빵 뜯어 줄게. 이리 나와라." 유혹해 봐도 절대로 나오지 않았다. 누렁이뿐만이 아니었다. 동네 개들은 병이 나면 풀밭을 뒤적여 제 병을 낫게 하는 약초를 알아서 뜯어먹었다. 동물이 사람보다 영리하다. 애써 가르치지 않아도 지혜가 있다. 사람이니 누렁이보다 현명해야 체면이 선다. 한 가지 방법이 있다. 탈이 나고서야 앓으며 굶지 말고 미리 굶어두는 거다. 일주일에 하루를 단식의 날로 두어 보자. 월요일을 산뜻하게 맞기 위해 일요일 세 끼를 굶는 것도 좋겠다. 배가 고파 일찍 일어나게 되니 러시아워 전에 출근하게 되는 것은 덤이다. 단식의 날에는 두뇌 활동이나 스트레스를 받는 일은 피하자. 가족과 공원을 산책하며 한 주의 이야기를 도란도란 나누거나 마음을 평화롭게 하는 음악을 듣는 것도 좋겠다. 여섯 날 동안 얼기설기 꼬여 있던 마음이 나란히 나란히 바로 펴지고, 몸 안의 독은 밖으로 쫓겨날 것이다.

하루 난식 다음 날의 아침과 점심은 담백한 맛의 죽이나 수프로 한다. 고이 자는 아기를 깨울 때 큰 소리로 깜짝 놀라게 하지 않듯이 보식도 마찬가지다. 자극적인 맛은 위를 놀라 엉엉 울도록 만든다. 요즘에는 보식으로 수프 종류를 자주 먹는다. 그중 콩비지크림수프는 비지와 감자의 각기 다른 고소한 맛과 포근포근한 질감이 사람에게 편안함을 주니 단식한 다음에 먹기에 부담 없고, 콩의 단백질이 풍부해 단식 동안 잃어버린 근육을 보충해 주는 효능도 한다. 제철에 나오는 감자는 솥에 찌기만 해도 그 향이 황홀한데, 감칠맛을 더하는 채소와 고소한 비지를 넣어 끓인 수프는 말할 것도 없이 맛이 좋다. 콩 비지와 삶은 감자 간 것을 한 냄비에 넣고, 달달 볶은 양파 간 것과 양배추 간 것을 섞어 커다란 냄비 가득 푸르르 끓여두고 여러 끼를 먹는다.

단식 후의 첫 끼는 간을 안 해도 이미 꿀맛이다. 뭐니 뭐니 해도 식욕이 가장 맛있는 양념이다. 익숙한 향이 피어나니 단식으로 말끔히 비워진 위 속에 위액이 새롭게 찌르르 흐른다. 침이 고인다. 오랜만에 느끼는 진짜배기 공복감이고, 생생한 식욕이다. 단식을 마칠 때마다 다시 태어난 기분이 든다.

콩비지크림수프

채소국물 … 6컵
콩비지 … 1/2컵
감자 … 2개
고구마 … 1개
양파 … 1개
양배추 … 50g
양송이 … 10개
식물성버터 … 1큰술
비건생크림·소금·후춧가루·미나
리잎 … 조금씩

❶ 감자와 고구마는 껍질을 벗긴 뒤 얇게 썰어 끓는
물에 삶아 체에 밭쳐 둔다.

❷ 양파와 양송이, 양배추는 잘게 다진 후 팬에 식
물성버터와 기름을 두르고 순서대로 살짝 볶는
다.

❸ 블렌더에 ❶과 ❷를 넣고 곱게 간 뒤 냄비에 넣
어 끓인다.

❹ ❸에 비건생크림을 조금 넣고 소금·후춧가루로
간을 맞춘다.

❺ 그릇에 수프를 담고 삶아두었던 감자, 고구마와
미나리 잎으로 장식해 낸다.

*채소국물 만들기 71쪽 참조.

구하기 어려운
음식은 탐하지 말라

마겨자샐러드

사람이 세상 만물을 꿰뚫기 위해 모든 학문을 공부할 수는 없을 것이다. 다행히도 한 분야를 열심히 파고들어 통달하면 그로부터 얻은 지혜로 다른 것들도 아울러 짐작하게 된다. 하나의 길은 다른 길로 통하는 까닭이다. 예컨대 우리 말글을 잘 다루는 이가 외국어의 체계도 빠르게 이해하고, 음악의 리듬을 아는 이는 춤도 잘 춘다.

요리를 하기 전에는 '식물' 하면 그저 꽃과 풀과 나무 등의 아름다운 것, 산소를 주는 고마운 존재, 동물의 먹이와 사는 곳 정도로 어렴풋이 파악했다. 그런데 음식을 만들기 위해 식물을 공부하면서 세상의 이치를 많이 이해하게 됐다. 요리만 열심히 해도 세상 공부가 되기에 참 감사하다. 산과 들에 널려 흔하디흔한 식물이 내게는 최고의 스승이다.

동글동글 모양이 원만한 감자나 호박과 같은 식물은 그 모양처럼 성질도 순해 독이 없고 속을 편안하게 한다. 그러나 지나치게 색과 무늬가 화려한 버섯은 독이 있어 먹으면 위험하다. 산삼처럼 구하기 힘든 식물은 억지로 구하려 들지 말고 적게 먹으면 된다. 과하면 도리어 해롭다.

사람도 마찬가지로, 웃음이 순박하고 그 얼굴에 순한 빛이 감도는 이는 가까이해야 하지만 말씨와 몸짓이 교태롭고 치장이 많은 사람은 멀리하는 것이 좋다. 구하기 어려운 식물처럼 무리해야 얻어지는 부와 명예라면 굳이 욕심내지 않는 것이 현명하다. 마음도 상하고 건강도 잃기 때문이다. 본디 하나의 원리로 창조되었기에 식물과 사람과 세상은 이렇게 똑 닮아있다.

지금 내 손에는 산에서 갓 채집해 와 흙도 털지 않은 마 한 바구니가 놓여 있다. 한 뿌리의 마를 손에 집어 들고 이리저리 살펴본다. 마는 뿌리로서 바깥으로 올라와 제 몸을 뽐내지 않고 깊고 답답한 땅속에서 오래 견디며 꽃과 잎, 열매를 지켜주니 겸손하다. 게다가 마는 골을 판 데로 알아서 자라니 고집이 없고 유연한 식물이다. 마를 반으로 가르면 희고 끈끈한 점액질이 칼에 묻어난다. 끈끈한 성질은 인내심과 지구력을 상징한다. 그러니 이 점액질은 몸의 기력을 회복시키고 대사를 활발히 해 무슨 일을 하든 오래 견딜 수 있게 돕는다. 간단히 말해 끈끈한 것을 먹으면 사람도 끈끈해진다는 이야기다. 이렇게 우리를 현실에 뿌리내릴 수 있도록 안정감을 주며 강한 의지를 선사하는 게 뿌리 음식 마의 덕목이다.

  이렇게 귀한 마는 몸에도 귀하게 작용한다. 한의학에서 마는 '산약'이라고 하는데 산의 약이라는 뜻이다. 맛이 달고 성질이 따뜻한 마는 허약한 몸을 보하고 오장을 채워 뼈와 근육을 강하게 하고 마음마저 편안하게 한다. 때문에 옛이야기에서 참마죽은 불로장생약으로 등장하기도 한다. 과로와 음주 등으로 위장이 상한 사람들에게 마는 명약이다. 위염과 위궤양이 있는 사람이라면 약 대신 아침마다 두유에 마를 갈아 넣어 마셔보길 권한다. 걸쭉한 마가 위벽을 감싸 보호하고 염증을 치유할 것이다. 가루로 빻은 쌀에 곱게 간 마를 넣어 약불에 끓인 마죽은 스트레스를 심하게 받아 속이 불편한 날 저녁으로 먹으면 좋다. 따끈하고 든든해 잠도 잘 온다. 때로는 밀가루옷을 입혀 전으로 부쳐 밥반찬으로 먹어도 맛있고 식물성 기름에 바싹하게 튀겨 조청에 버무려 검은깨를 뿌리면 아이들 간식으로도 좋다.

  재주 많은 마를 가장 맛있게 먹는 방법은 아무래도 생으로 먹는 것이다. 그냥 툭툭 잘라서 바구니에 담아놓고 목이 마를 때마다 집어 먹는다. 마의 맛과 질감이 낯선 사람들에게는 겨자소스처럼 향이 강한 소스를 더해 먹어 볼 것을 권한다. 잘 손질한 마를 적당하게 잘라 겨자소스를 뿌린 마샐러드의 시원하고 아삭한 맛은 청량감을 불러일으킨다. 마의 백색, 겨자의 황색, 치커리의 청색, 장식 삼아 뿌린 적색 꽃잎의 조화로움이 식욕을 돋운다. 이렇게 입에 단 약이 또 있을까!

마겨자샐러드

마(큰 것) … 1개
어린잎채소 … 60g
식용꽃 … 1팩

소스
홀그레인머스터드·매실효소
… 3큰술씩
레몬즙 … 2큰술
참기름 … 1작은술
핫소스 … 1작은술
후춧가루 … 약간

❶ 마는 껍질을 벗기고 끓는 물에 살짝 데친 후 냉
수에 헹궈 냉장 보관한다.

❷ 어린잎채소와 식용꽃은 흐르는 물에 깨끗이 씻
은 후 채반에 밭쳐 물기를 제거한다.

❸ 분량의 소스 재료를 섞어 숟가락으로 잘 저어
준다.

❹ 접시에 ❶의 마와 ❷의 어린잎채소를 보기 좋게
담고 소스를 뿌린 뒤 식용꽃으로 장식해 낸다.

마의 끈적이는 느낌이 부담스럽다면 석쇠에 살짝 구워 조리하
면 된다. 참기름장이나 고추장 양념을 곁들인 생알로 장뇌삼,
구운 연근, 새송이버섯, 죽순 등과 함께 내면 건강하고 귀한 상
차림이 완성된다.

150

음식을 귀하게 여겨야 귀하게 살게 되나니

무조림

갓 지어 김이 오르는 쌀밥을 한 숟가락 소복하게 뜬 것에 무조림 한 조각을 올려 입에 넣는다. 정성스럽게 차린 밥과 반찬인 만큼 씹는 일에도 정성을 들여야 한다. 간장과 채소국물에 잘 익힌 무의 몰캉하고 달착지근한 맛을 차근차근 음미하는 동시에 먹거리를 내려준 하늘에 감사의 기도도 올린다. 비록 홀로 앉아 먹는 식사지만 "아, 맛있어라."하고 나에게, 음식에 말하며 먹는다. 이토록 황홀한 식사를 하고 있노라면, 어느새 식당 문을 열고 들어오신 보조요리사 아주머니가 한 마디 던지신다. "아유, 오늘 예약 손님도 많은데 식사가 그렇게 단출해 어떡해요."

화려하고 복잡한 요리를 할 줄 몰라서, 시간이 모자라서 간단하게 먹는 게 아니다. 냉장고에 저장된 반찬이 많아도 부러 한 가지만 덜어와 먹을 때도 많다. 온갖 양념으로 복잡하게 버무려 지지고 볶은 요리들, 겉만 화려한 요리들, 생명에 득이 되지 못하는 세상의 요리들에 질리고 지친 날, 마음이 돌연 번잡한 날에는 단순한 밥상을 차린다. 농약을 치지 않고 거둔 채소와 바람과 햇살로 숙성시킨 장으로 간소하게 만든 반찬 한 가지만 있어도 된다. 내 생명을 유지하려고 다른 생명을 해하지 않은 채소 반찬이기에 몸과 마음을 두루 보한다. 여러 종류를 상다리가 부러질 정도로 올려놓아도 영양의 균형과 음양오행이 맞지 않으면 한 접시의 반찬만도 못한 법이다.

공연히 식탐이 늘어날 때, 한 가지의 반찬만으로 밥을 먹어 보길 권한다. 이전의 좋은 식습관으로 돌아가게 될 것이다. 사람이란 본래 우매한 존재이기에 눈앞에 너무 여러 가지의 일과 사람이 있으면 자신에게 집중하지 못하고 헤매게 된다. 밥도 마찬가지다. 먹을거리가 넘쳐나는 현대 사회에서는 음식 각각이 가진 맛에 집중하지 못하고, 그 음식이 완성되기까지의 자연의 축복과 만든 이의 노고에 감사할 줄도 모르게 된다. 뿐만 아니라 헛된 식탐도 차츰 늘어난다. 이래서야 먹을수록 더 허기진다. 진정 몸이 원하는 허기와 습관에 이끌리는 식탐을 구분할 줄 알아야 한다. 그러기 위해, 일부러 빼고 덜어내는 '마이너스'의 식탁을 차려보자. 적은 양의 한 가지 반찬으로 밥을 먹으면 아무리 식탐이 많은 이라도 과식을 할 수가 없을 것이다.

불교에는 "항시 마음을 챙기고, 스스로 식사량을 헤아려 적당히 먹는 이는 그 괴로움도 줄고 목숨을 지키며 더디 늙어 가리라."는 옛 말씀이 전해 내려온다. 소식과 올바른 식습관이 복을 불러온다는 뜻이렷다. 예로부터 "적게 먹는 만큼 제 복을 아끼게 되고 선한 마음으로 다른 사람들에게 먹을 것을 나누는 이는 제 복을 늘인다."라고도 하였다. 음식을 귀하게 여기는 만큼 자신도 귀하게 살게 된다고도 했다.

이러한 옛사람의 말들은 건강에 예민한 현대인들에게도 커다란 울림이 있다. 암을 비롯한 많은 병이 사실상 무절제한 식습관에서 비롯되지 않는가. 그런데 설혹 중한 병에 걸렸어도 적게 먹고, 느긋하게 베푸는 마음을 가지려 노력하면 어느새 자연치유 되기도 한다. 현대 의술에 의존하지 않고서 식이요법만으로 병을 고친 수많은 이들이 바로 그 예다. 건강과 장수만 한 복이 없는데, 기름진 음식을 많이 먹어 그 복을 깎아 먹은 게 전자이고 그릇된 습관을 고치고 적게 먹기를 실천해 잃었던 복을 되찾아 온 것이 후자다. 음식을 적게 만들고 적게 먹으니 돈은 아끼고 시간은 남는다. 그 여분의 돈과 시간으로 자신을 향상하게 시키는 공부를 더 하고 나보다 못한 사람을 돕기도 하며 몸을 아름답게 치장하기도 한다. 그리하여 더욱 복된 사람이 되고 생활은 풍요로워진다. 여하튼 좋은 식습관이 운을 불러오는 것이다.

무조림은 조리법이 워낙 간단해서 더욱 공을 들이게 되는 음식이다. 무와 표고, 양파, 배에 간장과 채소국물, 조청을 넣고 푹 익히면 된다. 본래 간장은 향이 있어 요리의 마지막에 넣는 게 원칙이지만 조릴 때는 예외적으로 처음부터 넣어주면 무와 표고의 좋은 성분을 우려내는 역할을 한다. 무조림은 만들기는 간단하지만, 맛은 풍성하다. 푹 익은 무의 달 큰한 맛과 표고의 향긋함, 잘 숙성된 간장과 다시마의 감칠맛이 좋아 밥 도둑이라 불릴 만하다. 화려하지는 않지만 검은빛의 품위가 있는 요리 다. 약간 식으면 표고가 쫀득해져 더 맛있고 오래 두고 먹어도 괜찮다.

이 음식은 병을 앓고 있는 환자에게도 좋다. 무에는 소화효소가 들어 있어 소화력이 좋지 못한 노인이 먹으면 특히 좋고, 고기나 유제품을 많 이 먹어 점액과 지방이 축적된 사람에게도 이롭다. 숙취에 시달리는 사 람이 북어와 무를 한데 넣고 끓인 국을 먹으면 속이 풀리듯, 무는 원래 약이 되는 재료다. 독을 풀어주고 가래와 담을 분해하는 데에도 특효이 므로 매일 밥상에 올려도 좋을 것이다.

양념이 단출한 만큼 좋은 간장을 고르는 게 맛의 관건이다. 좋은 간장 을 선별하는 비법이 있어 소개한다. 접시에 간장을 떨어뜨리고 움직였 을 때 흐르는 자국이 길게 나면 좋은 간장이다. 반면 물에 간장을 떨어뜨 렸을 때 위에서 바로 확 퍼지는 것은 하품이다. 상품은 일단 밑으로 내려 갔다가 퍼져 오른다. 잘 만든 간장을 오래 먹기 위해서는 마늘의 도움이 필요하다 간장 독에 마늘 몇 톨을 담가 놓으면 곰팡이가 절대로 생기지 않는다.

무조림

무 … 350g
불린 건표고버섯 … 250g
양파 … 100g
배 … 1/4개
영양부추 … 조금

양념
채소국물 … 1컵(가감)
간장 … 3큰술
조청 … 1큰술
원당·참기름·다진 생강·다진 마
늘 … 1작은술씩
후춧가루·버섯시즈닝·채식중화
소스 … 조금씩

❶ 무는 두껍게 썰고 불린 표고버섯은 밑동을 제거
한다.

❷ 배는 껍질을 벗겨 씨를 제거하고 반달 모양으로
썰고 양파는 굵게 채 썬다.

❸ 팬에 기름을 두르고 채 썬 양파를 볶다가 ❶의
무와 표고버섯을 넣고 살짝 볶은 다음 배와 분량
의 양념(조청, 참기름, 후춧가루 제외)을 넣고 채
소국물을 자박하게 부어 끓이다가 한번 끓으면
중불로 줄여 서서히 졸인다.

❹ 무에 양념이 충분히 배면 조청을 넣은 후 국물을
자주 끼얹어 윤기를 내고, 참기름과 후춧가루를
넣어 마무리한다.

❺ ❹를 접시에 따로 담아내거나 밥 위에 얹어 낸
다. 다진 영양부추로 장식한다.

> **맛있는 조림 만들기**
>
> 채소국물을 충분히 넣어 양념이 잘 배도록 졸여야 맛있다.
>
> *채소국물 만들기 71쪽 참조.

네 시에 만나기로 한 친구가 십오 분이 지나도록 오질 않는다. 길을 헤매나 싶어 창밖으로 내다보니 양손에 종이컵을 들고 종종걸음으로 계단을 오른다. 친구는 발갛게 달아오른 볼로 따끈한 아메리카노 한 잔을 건넨다. 자초지종을 들어보니 이렇다.

"오늘이 밸런타인데이라 초콜릿을 사 오려고 했는데, 곰곰 생각해 보니 몸에 좋지 않은 단 음식은 피하실 것 같은 거예요. 그래도 왠지 아쉬워서 초콜릿을 들었다 놨다 하다가 결국 좋아하시는 커피 사 오느라 늦었지 뭐예요."

밸런타인데이라는 것이 서로 초콜릿을 주고받는 날인지도 모르고 있었는데, 달콤하고 감미로운 초콜릿을 주고받는 것으로 호의를 전한다니

초코무스

두부 … 1/2모
두유 … 1/2컵
설탕 … 1작은술
다크초콜릿 … 100g
코코아가루 … 2작은술
천연바닐라오일·소금 … 조금씩
채식 생크림 … 적당량

❶ 다크초콜릿은 그릇에 담아 중탕으로 녹인다.

❷ 믹서에 두부, ❶의 중탕한 초콜릿, 설탕, 바닐라 오일, 소금, 두유를 넣고 부드럽게 간다. 믹싱볼에 담아 거품기나 나무주걱으로 저어서 섞어도 된다.

❸ ❷가 부드러워지면 작은 컵에 담아 식힌 후 냉장고에 잠시 넣어둔다.

❹ ❸이 시원해지면 냉장고에서 꺼내어 생크림을 올린 뒤 칼이나 필러로 얇게 저민 다크초콜릿을 위에 뿌려 장식한다.

맛있고 멋있는 디저트, 초코무스
두부 대신 으깬 고구마와 완숙 바나나를 넣고 해도 맛이 꽤 괜찮다. 여러 가지 파우더와 틀로 다양한 색깔과 모양을 연출하고, 무스 위에 장식도 다양한 과일이나 소스로 응용할 수 있다.

그럴싸하다. 신경을 안정시켜주는 마그네슘과 기분을 좋게 만드는 화학물질인 엔도르핀이 함유된 초콜릿은 좋은 선물이다. 이왕 사랑 고백을 할 바에야 편안하고 좋은 기분이 된 사람에게 하는 게 성공확률이 높을 테니까.

그런데 사람들은 내가 초콜릿이나 커피와 같은 기호식품을 일절 먹지 않을 것이라고 지레짐작하나 보다. 뜨거운 커피를 아주 좋아해서 간혹 긴 시간에 걸친 강의나 강좌가 있을 때면 몇 잔을 연달아 비울 때도 있는데 말이다. 물론 우유나 설탕, 크림을 넣지 않은 개운한 맛의 아메리카노다. 카페인에 중독되지 않도록 평소에 주의하면 별문제는 없다. 또 개발도상국 아이들의 노동력을 착취해 만든 일반 초콜릿은 먹지 않지만, 공정무역 초콜릿 정도는 가끔 기분이 처질 때 한두 조각 깨물어 먹는다.

채식주의자라고 해서, 건강에 주의한다고 해서, 매일 현미밥에 생채소만 먹을 필요는 없다. 평일에는 근면하게 생활하고 휴일에는 한껏 게으르게 뒹굴어도 되는 것처럼 식사도 365일 빡빡하게 관리할 필요가 없다. 단 것이 당기고 매운 것이 당길 때는 다 우리의 감정이 그 맛을 부르는 것이다. 유난히 슬프고 우울할 때는 달고 부드러운 음식이 약이 된다. 단맛에는 마음을 어루만지고 외로움을 다독여주는 힘이 있다. 물론 고독을 이기지 못하고 사탕과 초콜릿에 의존한다면 비만과 성인병에 걸릴 확률이 높아지겠지만, 건강한 재료로 정성스레 만든 단 음식을 조금 먹는 것은 괜찮다. 운동화 끈을 조이고 힘껏 달려야만 사라지는 슬픔이 있는가 하면 푹신한 소파에 온몸을 파묻고 로맨틱한 영화를 보아야 사라지는 우울감도 있다.

디만 같은 단것이라도 몸에 해롭지 않은 것으로 잘 골라 먹어야 한다. 조금이라도 우울한 기분이 들면 초콜릿이나 케이크, 휘핑크림을 얹은 커피음료 등을 사러 달려가는 사람들이 많은데, 이는 아주 위험한 습관이다. 설탕을 분해하기 위해 몸에서 마그네슘과 칼슘, 비타민이 사라지기 때문이다. 비타민과 무기질이 빠져나가 몸의 균형이 깨지면 오히려 더 우울해진다.

백설탕을 들이부은 초콜릿 과자가 몸에 나쁘지, 코코아 가루 자체는 몸에 해롭지 않으므로 코코아 가루와 아몬드, 두유를 갈아 만든 초코무스나 초코퐁듀를 먹어 보면 어떨까. 모든 견과의 안에는 다음에 싹을 틔우기 위해 저장된 생명 에너지가 있으므로 초코무스 속 아몬드가 새로운 의욕을 틔워 줄 것이다. 초콜릿과 견과는 음식을 많이 먹고 싶은 욕구를 다스려주는 힘이 있으니, 스트레스만 쌓이면 폭식을 하는 사람에게도 좋은 음식이다. 무엇보다 맑은 유리컵에 코코아 크림과 채식 생크림을 층층이 쌓고 예쁘게 장식하는 동안, 컨디션이 한결 나아질 것이다.

초코퐁듀도 만드는 동안 마음수련이 되는 요리다. 작게 자른 과일 조각들을 꼬치에 꿰노라면 보석알을 이어 목걸이를 만드는 옛 장인처럼 마음이 차분하고 단단해지더라. 초콜릿을 데울 램프에 성냥으로 불을 붙이며 호롱불 아래 손바느질을 하는 여인이 된 듯 상상해 보아도 재미있고. 이렇듯, 자신을 위해 정성껏 음식을 만들면 자신이 귀하고 소중한 존재로 여겨지는 법이다.

초코퐁듀

다크초콜릿 … 100g
두유 … 120g
딸기·방울토마토·키위·비건쿠키
… 조금씩
소금 … 약간
나무꼬치·티라이트 … 적당량

❶ 각종 과일은 흐르는 물에 씻어 물기를 제거한 뒤 나무꼬치에 끼워 잠시 냉장 보관한다.

❷ 소스팬에 다크초콜릿, 두유, 소금을 넣고 약불에서 초콜릿이 녹을 때까지 서서히 저어가며 가열한다.

❸ 티라이트에 분을 켜고 ❷의 초콜릿 냄비를 올린 뒤 ❶의 과일꼬치와 비건쿠키를 곁들여 내 녹인 초콜릿에 찍어 먹도록 한다.

퐁듀의 응용

찍어 먹는 재료는 기호에 맞게 구운 가래떡, 청포도, 인절미, 치아바타(빵) 등을 응용할 수 있다.

몸이 원하는
감기약

생식견과류커리 & 과일꼬치

"나는 네가 만든 거야! 처음에는 조용한 목소리로 재채기와 콧물 등으로 이야기했지. 그런데 너는 나의 메시지를 무시해 버렸잖아. 그래서 난 더 큰 소리로 말하기로 했지. 네가 너무 무심하니까 어쩔 수 없이 크게 말했고, 그제야 넌 나를 눈치챈 거지. 이제 네가 관심을 기울이고 예전처럼 사랑해주면 나도 네 뜻에 따를 거야. 모든 것은 네가 만들고 지우고 하는 거니까."

감기에 걸린 아이를 무릎에 앉히고서 즉석에서 만든 감기 동화를 읽어준다. 열이 끓고 팔다리가 쑤셔 끙끙대면서도 아빠의 엉터리 동화에 방글거리는 아이가 참 고맙다. 동화를 통해 전하고 싶은 건, 병을 꼭 괴롭고 싫은 것으로 여기지 않기를 바라는 마음인데, 과연 알아줄까. "콧물

흐를 때 그만 놀고 들어와 쉴 걸 그랬어." 하는 걸 보니 어느 정도 깨달은 듯도 싶다.

딸은 일 년에 두어 번 감기에 걸리는 튼튼이지만 내 어린 시절은 안 그랬다. 걸핏하면 아프고, 체하곤 했다. 환사만큼 병에 대해 깊게 생각하는 사람이 없으니, 나도 병을 오래, 깊게 생각해 온 사람으로 자라났다. 어릴 땐 약한 몸이 원망스럽고 체력 때문에 원하는 만큼 책을 보고 일을 할 수 없음에 순간순간 화도 치밀었다. 그런데 살아보니, 몸이 강하지 못한 만큼 몸의 메시지에 예민하게 귀 기울이게 되고 그 덕에 채식에 관심을 두게 되었으니, 약한 몸이 나를 행복의 길로 이끈 셈이다.

건강에 관한 공부가 깊어지면서 더욱 병을 소중히 여기게 됐다. 정신없이 살아가며 몸을 혹사하는 중에 덜컥 드러나는 병은 "이쯤에서 잠시 쉬어가야 한다."라는 귀한 편지나 다름없다. 발송인은 우리의 내면이고 수취인은 우리의 몸이다. 그러니 소중히 잘 받아 읽어야 한다. 사람은 살아가는 틈틈이 적당한 때를 잡아 몸과 마음을 깨끗하게 청소한 뒤, 앞으로 갈 길을 바로잡아야 한다. 명상, 단식, 템플 스테이 등이 이를 위한 좋은 쉼이 된다. 그런데 돈과 명예와 일 욕심에 매몰된 우리가 도무지 제때 쉬어가지 않으니, 몸이 알아서 제동을 거는 것이다.

잔병은 감사하다. 주위를 둘러보면, 잔병 없던 사람이 어느 날 큰 병에 걸려 세상과 이별하는 경우가 있다. 잔병이 나서 "에라, 모르겠다." 벌

러덩 드러누워 홀로 되고, 그 홀로 된 자리에서 고요히 마음을 돌아보고 몸을 추스르는 일은 그래서 귀하다. 큰 병을 향해 달려가기 전에 각성하게 하니까. 실제로 몸살감기에 걸려 며칠씩 두문불출하며 명상을 하고 좋은 글귀를 읽고 나면 그렇게 가뿐하고 의욕이 넘칠 수가 없다. 쓸데없는 욕심과 잡생각이 사라져 마음은 간결해지고 몸은 회복됐기 때문이다.

그렇게 소소하게 앓을 때마다 커리가 좋은 벗이 되어준다. 워낙에 커리 향을 즐겨서 난에 찍거나 밥에 비벼 자주 먹지만, 요리와 강의로 몸이 피곤해질 때면 그렇게 그 향이 맡고 싶어지곤 한다. 몸이 슬금슬금 신호를 보내면 우선 하루 정도 단식을 하거나 휴식을 취하고, 그다음에도 낫지 않으면 커리가루에 딸기나 바나나, 키위 등의 부드러운 과일을 찍어 먹을 차례다. 따뜻한 성질의 커리는 기혈을 순환시키고 과일은 자연의 빛과 수분을 제공해준다.

이렇게 과일꼬치와 커리를 놓고 천천히 하나씩 찍어 먹고 있노라면, 그동안 무심하게 지나치던 것들이 새삼 고맙고 어여쁘다. 창으로 비치는 아침햇살, 외로운 마음에 친구가 되어준 지저귀는 새들, 부드럽게 스치고 가는 봄바람, 심지어 바쁜 일상에서 그동안 잘 걸어준 발가락에도 "고맙다." 말해본다. 병으로 고생하는 지인들을 다시 한번 찾아가 손을 잡아주어야겠다는 다짐도 해 본다. 세상은 함께 살아가는 것이라는 고마운 깨달음을 주는 병에게 고마워하는 시간이다.

생식견과류커리 & 과일꼬치

강낭콩캔 … 1통
삶은 감자 … 2개
캐슈너트 … 20알
커리가루 … 3큰술
유기농 케첩 … 3큰술
칠리가루 … 1/2큰술
소금·후춧가루·버섯시즈닝·생강
가루·양파가루 … 조금씩

과일꼬치
딸기 … 4개
키위 … 2개
바나나 … 2개

❶ 감자와 캐슈너트는 미리 삶아서 식혀 둔다.

❷ 믹서에 삶은 감자, 강낭콩을 넣어 부드럽게 간 후 믹싱볼에 담고 커리가루, 케첩, 캐슈너트, 소금, 버섯시즈닝, 후춧가루, 생강가루, 양파가루를 넣어 잘 섞어 냉장고에 시원하게 보관한다.

❸ 과일은 한입 크기로 잘라 꼬치에 꽂은 다음 냉장고에 차게 보관한다.

❹ ❷의 커리가 시원해지면 볼에 담고 과일꼬치를 곁들여 낸다(따뜻하게 끓여 먹어도 좋다).

끓이지 않고 먹는 생식 커리로 탄수화물, 지방, 단백질, 비타민, 미네랄을 한꺼번에 섭취할 수 있는 영양식이다. 생토마토나 오이, 고수잎을 다져 넣으면 상큼한 맛을 즐길 수 있다. 통밀식빵이나 치아바타 등을 찍어 먹으면 맛있다. 강낭콩 대신 병아리콩을 사용해도 좋다.

감기에 오렌지주스, 정말 좋을까?

감기에 걸려 병원에 가면 물과 과일을 많이 섭취하라고 한다. 물은 많이 마시면 바이러스가 씻겨 나가고 과일의 비타민이 감기 치료에 도움이 된다는 것이다. 얼음찜질이나 해열제로 열을 내리기도 한다. 이 방법이 완전히 틀린 것은 아니지만, 수정할 곳이 좀 있다.

과일주스는 서양에서 온 음료다. 그런데 서양인과 동양인은 체질이 다르다. 열이 많은 서양 여성들은 "아이를 낳고 나서 바로 샤워를 하고 찬 과일주스를 마셨다."라고 말하곤 한다. 그러나 동양인은 그들과 체질이 달라 서양의 것을 그대로 따라서는 안 된다. 감기는 한기에 의해 걸린 것과 과로로 인해 걸린 것으로 나눌 수 있다. 그러니 자신의 상태를 잘 살펴보아 감기에 걸린 원인을 알아내야 바른 섭취를 할 수 있다.

한기로 인한 감기라면 과일을 많이 먹으면 안 된다. 과일은 대개 성질이 차서 몸을 차게 하기 때문이다. 해열제도 위험하다. 대신 숭늉이나 뜨거운 물을 계속 마시고 이불을 둘러쓰고 양말을 꼭 신어 체온을 올리는 게 급선무다. 온탕에 몸을 푹 담그는 것도 좋겠다. 다만 머리가 젖어 체온이 떨어지지 않도록 잘 감싸고 말려야 한다. 한기로 인한 감기는 과로 감기보다는 수월하게 낫는다. 충분히 자고 영양 있는 음식을 먹으며 쉬면 사흘이면 낫는다. 중요한 것은 찬 과일주스나 물은 피하고 따끈한 물을 먹어야 한다는 것! 가능하면 하루 정도 단식을 하면 좋겠다. 감기가 떨어지는 기간이 짧아진다.

과로와 스트레스로 인한 감기라면 이와 좀 다르다. 날씨와 같은 외부 환경의 문제가 아니라 내 몸의 원기가 약해진 것이므로 이때는 무조건 쉬어야 한다. 에너지가 필요하므로 생과일, 녹즙, 허브차 등이 도움이 될 것이다. 비타민 제품을 조금 먹는 것도 좋다. 무엇보다 과로의 원인과 스트레스를 없애고 마음의 평정을 찾아야 병이 낫는다. 명상도 큰 도움이 된다. 꼭 가부좌를 틀고 앉아서 경건하게 명상을 하라는 게 아니다. 텔레비전이나 스마트폰처럼 끊임없이 눈과 귀에 자극을 주는 것들을 잠시 끄고 아침햇살을 바라보며 좋은 빛을 받는 것만으로도 충분하다. 만일 푹 쉬지 못하고 출근을 하거나 등교를 해야 한다면 10분 명상을 권한다. 일과 공부를 시작하기 전 책상에 앉아 눈을 감고 십 분 정도 머릿속을 비우는 것만으로도 나아질 것이다. 자기 내면으로 집중하면 자잘한 스트레스가 떨어져 나간다.

'뺄셈'의 보양식이 필요하다

콩계탕

　군불을 지펴 본 사람은 안다. 아궁이 속 불길이 활활 타오르기 위해서 무엇이 필요한지를. 군불 때기에 서투른 새 각시를 보자. 맛있는 밥을 짓기 위해 의욕에 불타는 각시는 아궁이에 무작정 땔감을 집어넣는다. 장작도 모자라 짚도 넣고 콩대도 넣고 옥수숫대도 넣고 왕겨도 넣고. 탈 수 있는 것들을 모조리 욱여넣는다. 그래도 제대로 된 불은 영 타오르지 않는다. 밥도 한 솥 짓고 국도 끓이고 쇠죽도 쑤어야 하는데 어쩌나 하는 걱정에 발만 동동 구른다. 급한 맘에 장작을 더 넣을수록 시커먼 연기만 무심하게 피어오른다. 매운 연기에 눈물이 주룩주룩 흘러내린다.

　그런데 얼마 지나 군불 때는 법을 익히고 나면 하는 양이 영 다르다. 처음에는 작은 불로 시작해야 한다는 사실을 알게 되었기에, 장작을 몇 토막만 넣고 조그맣고 제대로 된 불씨를 만든다. 그다음에 남은 장작을 하나둘 차례로 더한다. 동시에 고개를 숙여 아궁이 속으로 "후우, 후우." 숨을 불어 넣는다. 불을 피울 때는 땔감뿐 아니라 공기도 필요하기 때문이다. 이렇게 공기가 속속들이 들어가기 위해서는 장작들 사이에 빈 곳이 있어야 한다. 적당한 채움과 적당한 비움. 채움과 비움에 대한 철학이 아낙네의 군불 때는 모습 속에 있다.

"뭘 먹어야 보양이 될까요?" 간혹 이렇게 묻는 사람이 있다. 여름이라 왠지 몸이 허한 것 같아 보양식을 찾아 먹어야 할 것 같다는 것이다. 좋은 음식이라고 100인에게 다 맞는 것이 아니라서 먹는 사람의 얼굴빛과 건강 상태, 마음 등 여러 가지를 고려해 그에게 맞게 권해 주기로 한다. 그의 풍채를 가만가만 살펴보노라면 이거 뭔가 잘못됐다 싶다. 얼굴은 부옇게 살이 올랐고 몸짓은 굼뜨고 느릿하다. 눈빛도 총명하지 않고 멍한 데가 있다. 이내, 그에게는 뭘 더 먹는 '덧셈'의 식사가 아니라 '뺄셈'의 식사가 급하다는 판단을 내린다.

"보양이 과하네요. 한동안 소식을 하시고, 채식 위주의 식사를 하시면 좋겠습니다."

많은 사람, 특히 중년 남성들이 소위 '보양식'에 열을 올린다. 여름이면 보신탕과 삼계탕, 오리집이 문전성시를 이루고 계절이 바뀔 때면 흑염소며 녹용을 달여 먹는다. 매주 한 번은 개고기를 먹어줘야 일주일을 견디는 힘이 나는 것 같다며 금요일마다 보신탕집에 모이는 '금요 보신회'라는 모임도 보았다. 공기가 들어갈 빈 곳 없이 땔감만 집어넣는 꼴이니, 좋은 불이 타오를 길이 없다. 게다가 개와 오리, 닭, 소, 흑염소 등은 질 좋은 땔감조차 아니다. 물 먹고 썩은 나무, 아니면 비닐과 플라스틱 등이 섞인 쓰레기 봉지를 태우는 것이라 볼 수도 있겠다. 아무튼, 나쁜 냄새와 연기만 피어오른다는 점에서 다를 바가 없다. 매일매일 텔레비전과 신문광고 큰 면에 각종 보양 요리와 자양강장제 광고가 쏟아지지만, 고혈압과 암 등의 성인병 환자는 그와 비례하여 늘어나고 있는 현상. 당연한 인과관계다.

우리에게 이제 '뺄셈'의 보양식이 필요하다. 동물의 고기와 뼈를 이용해 만든 보양식들은 살림이 궁핍해 일 년에 한 번 고기 구경을 할까 말까 하던 시절의 사람들에게나 어울리던 것이다. 우리는 그들과 다른 시대에 살고 있으니 음식도 다르게 먹어야 하지 않을까? 칼로리 과잉의 보양식을 먹는 일은 부실한 집의 1층 위에 무거운 2층을 올리는 일과 다르지 않다. 부실한 1층은 건강하지 않은 몸을, 무거운 2층은 열량 과잉의 요리를 일컫는 비유다. 그럴 때면, 우선 1층 집의 고장 난 부분을 수리하고 모자란 부분은 덧대어 튼튼히 할 일이다. 그리하여 우리 몸의 자연치유력을 회복해야 할 것이다.

몸에 탈이 난 부분을 보해주는 약재를 잘 골라 넣되 칼로리는 과하지 않고 속이 편한 보양식에는 콩계탕이 있다. 보양식치고 조리법도 꽤 간단하다. 콩단백과 찹쌀을 주재료로 은행, 수삼과 대추, 밤, 생강을 부재료로 한 솥에 담아 물을 붓고 푹 끓이면 요리 끝이다. 다섯 가지 맛 중 어느 쪽으로도 치우치지 않는 콩계탕의 담백한 맛은 지친 몸과 마음에 원기를 제공하고 몸을 따뜻하게 해준다.

보양 요리라고 해서 욕심내어 많이 먹을 필요는 없다. 몸살이나 과로 등으로 몸이 허할 때는 소화 기능도 떨어져 있으니 기력이 떨어지지 않을 정도로 소식하는 게 그 자체로 약이 되므로, 영양이 꽉 차 있는 콩계탕은 작은 공기 하나만 비워도 속이 든든하고 몸이 따뜻하게 데워진다. 허한 몸과 마음을 부드럽게 어루만지는 다정하고 사려 깊은 맛이다. 먹을수록 화가 나고 나쁜 기운이 뻗치는 숱한 '보신요리'와는 정반대의 요리다. 일과 일상에 필요한 에너지를 조용히 안으로, 안으로 모아주는 '수렴'의 에너지가 콩계탕 속에 녹아 있는 것이다.

밥이 약이 되려면, 먹을 사람의 몸과 마음을 잘 살펴 만들면 된다. 예민하고 야윈 사람이 먹을 것이면 단맛 나는 대추의 양을 조리법보다 좀 늘려 넣는다. 달고 끈끈한 대추의 맛과 기운은 예민한 마음을 편안케 하고 불면증을 치유해 대추처럼 단잠을 자도록 도와준다. 반면 조리법 보다 줄여야 할 때도 있는데, 순환이 잘 안 되고 기가 막혀 있는 사람은 찹쌀 대신 멥쌀이나 보리를 넣어 만드는 식이다.

이렇게 걸맞은 재료를 고르는 일은 의외로 어렵지 않다. 사람은 자신이 먹는 음식을 닮아가니, 먹을 사람의 기운을 잘 살펴 넘치는 건 덜 먹이고 모자란 건 더 먹이면 된다. 보리와 멥쌀은 찹쌀에 비해 끈기가 적어 몸의 기운을 잘 통하게 하므로 기가 꽉 막힌 사람에게 맞는 것이다. 이처럼 요리에 고정된 조리법은 없다. 물론 요리초심자의 경우에는 정답대로 하는 게 쉽지만, 나중에는 요리법을 쥐락펴락 가지고 놀아야 한다. 약이 되는 밥상을 차리기 위해 '무위정법(無爲正法: 긴장, 바른 법은 없다.)'이라는 말을 기억하면 좋겠다.

보양에 대한 그릇된 관점을 고치는 것이 절실하다. 비우고 빼는 보양식을 먹되, 중요한 것은 이 음식을 이룬 온 우주의 노고에 감사하며 먹는 것이다. 이 콩과 은행, 대추가 알알이 열매를 맺기까지 물과 빛과 흙과 농부가 오래 수고하였다. 온 우주의 생명이 함께 수고한 에너지가 이 한 그릇 콩계탕 안에 있다. 온전히 감사한 마음으로 먹어야 한다. 감사할 줄 아는 사람에게 음식도 보답한다.

콩계탕

생수 … 2L
콩단백 … 100g
현미찹쌀+현미 … 1컵
수삼(큰 것) … 4뿌리
대추 … 12알
밤 … 8개
생강 … 2톨
으깬 마늘 … 2큰술
실파·소금·후춧가루 … 조금씩

맛있는 콩계탕 만들기

• 찹쌀을 안 퍼지게 하려면 찜솥에 찐 뒤 먹기 직전에 넣는다.

• 잣이나 캐슈너트를 갈아 넣으면 더욱 부드럽고 구수한 맛이 난다.

• 땀이 많이 나고 몸에 기운이 없어 자꾸만 밑으로 처지면 황기를 많이 넣어 만들면 좋다. 또 밤, 둥굴레, 대추 등을 넣어도 좋다.

❶ 현미찹쌀과 현미는 깨끗이 씻어 1시간가량 불려 물기를 뺀다.

❷ 콩단백을 미지근한 물에 넣어 30분가량 불린 뒤 냉수에 두어 번 헹군 다음 적당한 크기로 찢고 소금, 후춧가루, 참기름으로 밑간한다.

❸ ❷의 밑간해둔 콩단백을 해바라기씨유를 두른 팬에서 노릇하게 볶는다(또는 오븐에 굽는다).

❹ 넓은 냄비에 생수, 수삼, 대추, 밤, 생강 등을 넣고 중불에서 30분 정도 끓이다가 국물이 우러나면 ❶의 불려 두었던 쌀을 넣은 뒤 익을 때까지 끓인다.

❺ ❹를 그릇에 담고 ❸의 콩단백과 다진 실파를 올리고, 후춧가루를 조금 뿌린 후 소금을 곁들여 낸다.

미식과 과식을
끊어야 무병장수하리니

베지터블레인보우

땅은 사람을 살린다. 그런데 늘 그런 것은 아니다. 부동산으로 불리며 평당 가격으로 셈해질 때의 땅은 사람을 해하기도 하고 죽이기도 한다. 내가 아는 한 여인도 이놈의 땅 때문에 제 명을 다 못살고 이 좋은 세상을 하직할 뻔했다. 이 여인의 별명이 무언고 하니, 무려 '백억'이다. 동창회를 가도 "백억이, 잘 지냈어? 나날이 부티가 나네." 한다. 설이나 추석에 친척들을 만나도 "백억 부부, 우리에게도 좀 베풀고 살아."하며 농들을 건넨다. 마을의 이웃들에게도 이미 '백억댁'이라 불린다.

이 백억댁은 본래 경기도 인근의 농촌에서 밭뙈기 조금 일구고 소 몇 마리 기르고 살던 평범한 촌부였다. 시부모님께 물려받아 내처 살던 땅이 개발 광풍에 천정부지로 값이 오르기 전까지는. 하룻밤 자고 일어나면 몇십 배로 땅값이 뛰어 있곤 하니 설레어 잠을 못 이룰 정도였단다. 한편 갑자기 늘어난 재산을 누가 탐내기라도 할까 두려워 종일 심장이 두근거리기도 했단다. 그런데 문제는 그때부터 시작됐다. 백억 가족은 늘 '풍족하진 않지만, 남에게 손 벌리지 않을 정도'의 재산에 맞춰 씀씀이를 조절해 왔었다(사실, 사람은 이 정도가 가장 안정되고 행복하다고 본다). 그런데 백억 부자가 되고 보니 이전의 절제가 한낱 궁상으로 보이기 시작하는 게 아닌가. 사람 마음이 그렇게 요사스럽다.

통장 속에 이미 잠재운 돈이 엄청나니, 아무리 물 쓰듯 써대도 다음 달이면 쓴 것을 채울 만큼 이자가 붙어 있었다. 당연히 가족들은 먹거리에도 사치하기 시작했다. 된장에 시래기 몇 줄기 지져 내놓으면 밥 한 공기 말끔히 비우며 하하 호호 웃던 아이와 남편이 이제는 백화점에서 사 온 고급 반찬이 아니면 수저조차 안 들고 투정을 부렸다. 주말마다 고급차를 몰고 전국 방방곡곡의 귀한 요리를 찾아다니는 게 온 가족의 가장 큰 도락이 됐다. 1등급 한우구이, 마당에 돌아다니는 오리를 고르면 갓 잡아 끓여주는 오리탕, 귀한 약재를 먹여 키웠다는 돼지로 조리한 찜 요리, 먹으면 먹을수록 더 귀한 것을 찾아 먹어야 할 것 같은 갈급증이 제 마음에도 참 요상하다 싶었다.

7년이 흘렀다. 돈이 돈을 번다고 재산은 바야흐로 엄청난 규모로 불어나 있었다. 그런데 이 집에서는 웃음소리를 더 이상 들을 수 없게 됐다. 가장이 대장암으로 대수술을 몇 번이나 하게 되어 온 가족이 근심에 빠진 것이다. 몇 년에 걸친 탐식과 과식의 결과가 암세포 덩어리로 현현한 것이었을까. 아직은 큰 병에 걸리지 않았지만, 아내도 자신의 미래가 보이는 듯했다. 이대로 탐식의 끈을 놓지 못한다면 몇 년 후 자신도 환자가 될 게 뻔했다. 내외는 마주 앉아서 가난한 농사꾼으로 살며 제 손으로 가꾼 채소로 조리한 소박한 음식이 약인 줄도 모르고 외면한 지난 7년을 놀이켜 보았다. 그리고서는 모아놓은 전국의 맛집 지도를 내다 버렸다. "모든 음식을 집에서 만들어 먹던 이전의 식생활로 돌아갑시다."라고 마음을 모았다.

아내는 남편을 간호하는 분주한 와중에도 종종걸음으로 나다니며 좋은 열매와 곡식을 구해왔다. 매실을 발효해 효소를 만들고 유기농 콩과 고춧가루로 간장과 된장, 고추장을 담가 항아리를 채웠다. 텃밭에는 오이, 당근, 파프리카, 무와 배추, 상추, 고구마, 토마토 등의 오색찬란한 채소 모종을 심어 화학비료 대신 천연 거름을 주어 길렀다. 손수 길러 물에 씻기만 한 생채소를 아침저녁으로 부부가 함께 먹었다. 채소를 통해 전해진 땅의 기운을 받기 시작한 남편이 하루가 다르게 나아졌다. 몇 년 못 산다는 선고를 받았던 남편은 그로부터 7년 후, 아내와 함께 뒷산에 오를 정도로 건강을 회복하게 됐다. 약 기운에 검게 가라앉았던 얼굴이 이제는 볕에 그을려 보기 좋은 검은 빛을 띤다. 이번에는 땅이 사람을 살린 것이다.

사람은 제 먹을 복을 가지고 태어난다. 그러므로 먹을 수 있는 복에도 한도가 있다. 과식과 폭식, 탐식을 일삼거나 먹을 것을 귀히 여기지 않고 함부로 버리면 나이가 들어 제 먹을 것이 없어진다는 이야기다. 예컨대 본래 수명이 100살이었어도 환갑도 못 돼 굶어 죽게 된다. 앞의 백억 부부도 (다행히 너무 늦기 전에 과오를 깨달아 살아나긴 했지만) 식탐으로 제 수명을 깎아 먹을 뻔했다. 그리고 이처럼 돈 많은 사람들이 그 재물로 건강을 해치는 경우를 여럿 본다. 미식과 탐식에의 헛된 열정, 효능은커녕 몸을 해하는 소위 '보양 음식', 성분을 알 수 없는 한약 등으로 독이 쌓인 몸은 참다 참다 결국 암이나 당뇨, 고혈압 등으로 제 고통을 드러낸다. 병은 더 이상 몸에 독을 쌓지 말라는 내면의 간절한 메시지이다. 반면 태어날 때의 운명은 비록 환갑 정도였지만 소박한 자연식으로 소식하면 길고 건강한 삶이 보장된다. 즉, 음식에 과욕을 부리지 않으면 오래 먹을 복이 오는 것.

음식을 향한 욕심과 집착을 끊어야 할 수 있다. 무병장수의 길이 거기에 있다. 장수 음식을 고르는 것은 어렵지 않다. '되도록 가장 소박한 채소 음식을 골라 먹을 것'만 기억하면 된다. 병을 낫게 하고 몸을 튼튼히 하기 위해 빛 에너지가 꼭 필요하지만, 사람은 식물과 달리 태양 빛을 바로 흡수할 수 없으므로 식물의 몸을 빌려 존재하는 물 에너지와 빛 에너지를 먹는 것이다. 그 안의 맑은 에너지를 취하여 살아가는 것이다.

베지터블레인보우는 빛 에너지와 물 에너지가 가득 담긴 채소를 거의 조리하지 않고 먹는 음식이다. 잘 자란 채소들을 고루 모아 깍둑 썰어 볼에 담아 수저로 퍼먹으면 된다. 토마토와 원당, 식초를 섞어 만든 알싸한 살사드레싱을 살짝 뿌리면 더욱 입맛을 돋우고 채소 자체의 싱싱한 맛으로만 먹으면 더욱 좋다. 오이와 파프리카, 키위, 비트, 당근, 연근 등을 날로 먹는 맛이란! 햇살과 바람과 땅의 기운이 차곡차곡 쌓여 둥글게 모인 아삭하고 달콤하고 싱그러운 그 맛.

채소는 역시 생으로 먹을 때 최고로 맛이 좋다. 과한 양념을 뿌리며 지지고 볶고 끓이기에는 재료 본연의 맛과 향이 너무 아깝다. 날 것의 채소들은 말갛게 씻은 소녀의 얼굴 같다. 본래 눈빛이 맑고 미소가 싱그러운 산골 소녀의 얼굴은 무엇도 더하고 뺄 필요 없이 그대로 어여쁘다.

베지터블레인보우

키위·빨강 파프리카 … 1개씩
당근 … 1/3개
오이 … 1/4개
연근 슬라이스 … 8쪽
비트 … 30g
캔 유기농 옥수수 알갱이 … 4큰술

토마토살사드레싱
토마토 … 400g
양파 … 1/2개
마늘 … 1톨
청양고추 … 2개
현미식초 … 2큰술
원당 … 1/2큰술
소금 … 1작은술
허브잎 … 조금

❶ 모든 채소는 작은 깍두기 모양으로 썰고, 연근은 껍질을 벗긴 뒤 얇게 썰어 식촛물에 잠시 담갔다가 물기를 제거한다.

❷ 토마토와 양파, 청양고추는 잘게 다지고 마늘은 으깬다. 여기에 식초, 원당, 소금, 허브를 섞어 토마토살사소스를 만든다. 살짝 끓여도 좋다.

❸ 볼에 ❶의 채소와 옥수수알을 담고 살사소스를 곁들여 낸다.

토마토살사소스의 풍미 더하기

소스에 좀 더 깊은 토마토의 맛을 원하면 토마토 가루를 넣거나 말린 토마토를 다져 넣는다. 청양고추 대신 할라페뇨와 비건버터를 조금 넣어 끓이면 풍미가 좀 더 좋아진다.

최고의
디톡스 식품, 오미자

오미자화채

바야흐로 '디톡스'가 유행이다. 레몬즙만 마시며, 혹은 맑은 물만 마시며 일주일 정도 단식을 하면 우리 몸속의 독이 빠져나와 '해독'이 이뤄진다는 게 디톡스 요법의 핵심이다. 레몬 디톡스의 경우 레몬이 해독의 촉매가 되어 좀 더 빠르고 안정적으로 해독이 되는 것이고, 단식의 경우 옛날부터 사람들이 독을 빼고 몸을 정상적인 상태로 돌려놓을 때마다 애용했던 방법이다. 레몬 디톡스건 단식 디톡스건 몸의 소화기관을 잠시 쉬게 하고 청소에 돌입한다는 개념에서는 별다른 것이 없다. 장 청소, 효소식, 단식, 과일 스무디 디톡스 등 해독의 원리를 이용한 건강법이 차고 넘친다. 이러한 건강법들은 언론의 트렌드 이끌기에 따라 유행을 타고 출렁거린다. 포도가 좋다면 우르르, 레몬이 좋다면 우르르, 유행하는 디톡스 요법을 한 번이라도 따라 해 보지 않은 사람이 드물 정도다. 사실

디톡스는 새로운 개념은 아니다.

우선 디톡스의 개념을 잘 알고 넘어가자. 어머니의 뱃속에서 나와 세상의 공기를 마시게 되는 순간부터 우리 몸에는 독소가 쌓이기 시작한다. 우리 몸이 일종의 기계라고 생각해 보자. 음식을 먹으면 그것이 기계에 들어오는 원료가 된다. 이 원료를 위와 장이라는 기계에서 에너지로 변환시켜 발산하고 이때 생기는 찌꺼기는 바깥으로 배출하게 된다. 기계는 1초도 쉬지 않고 돌아가고 숨이 끊어지는 날 8, 90년간의 작동을 비로서 멈추게 된다. 그런데 돌아가는 동안 이 기계에는 그을음과 먼지 등이 끼게 된다. 인공 음식을 많이 먹은 사람일수록 이 찌꺼기가 많이 끼게 되고, 배출 작용이 원활하지 않은 사람도 그러하다.

게다가 현대인은 이전 세대 사람들보다 훨씬 유독한 환경에서 살고 있다. 각종 공해와 유해환경, 불규칙한 수면, 화학조미료와 인스턴트식품, 유전자변형식품 그리고 경쟁적인 사회구조 속에서 얻게 되는 여러 스트레스에 이르기까지, 사람의 몸과 마음 구석구석에 독이 쌓이기 쉬운 세상이다. 숲속 여기저기에 독버섯이 자라나듯 오장과 육부 곳곳에 독의 덩어리가 자리를 잡고 심하면 점점 커지기까지 한다. 이러한 체내의 독을 빼내야 몸의 자연치유력이 상승하는데 이를 위해 기계를 잠시 멈춘 뒤 임시방편으로는 해결되지 않았던 더러움을 샅샅이 씻어내는 게 디톡스다. 몸과 마음은 연결되어 있으니, 몸의 독을 빼내면 마음도 순한 본성을 회복하게 될 것이다. 그러므로 디톡스는 세상을 멈추고 나를 돌아보는 휴식이며 잠시의 비움으로 영원한 채움을 이루려는 전환이다.

사실상 채식을 올바른 방법으로 하면 그 자체로 이미 디톡스다. 흰콩과 검은콩, 무와 배, 사과와 시금치 등 내 몸의 상태를 보완할 수 있는 채소를 골라 먹으면 몸의 독이 빠져나가게 된다. 그 가운데 기를 수렴하고 간 기능을 보하며 담을 없애고 폐를 맑게 하는 다재다능한 과실, 오미자는 최고의 해독 식품이다. 오미자는 색도 예쁘고 풍미도 특별해서 옛날부터 귀한 재료로 여겨져 온 열매다. 오미자는 단맛 쓴맛 짠맛 신맛 매운맛의 다섯 가지 맛이 고루 들어 있다는 뜻으로 붙여진 이름인데 각각의 맛마다 효능이 있어 우리 몸의 여러 기관을 다스리는 작용을 한다. 다채로운 맛만큼 오장과 육부에 고루 영향을 미치는 것이다.

또한 오미자와 같은 붉은색 음식은 붉은색 장기인 심장의 기운을 돕는다. 붉은색 음식에 풍부한 '안토시아닌'은 피를 맑게 해주며 심장질환과 뇌졸중을 예방하고 살균을 돕는 효과가 아스피린의 열 배에 달한다고 한다. 오미자 속에 또한 많이 들어 있는 '리코펜'은 몸속에서 형성되는 위험 인자들을 몸 밖으로 배출하고 이미 생긴 암세포에 대해서도 성장을 억제하는 등 항암효과가 탁월하다.

오미자화채는 돌이 많은 비탈진 곳에서 잘 자라는 오미자나무의 열매를 늦가을에 따서 말린 것으로 만든다. 과육이 많이 붙고 붉은빛이 깊은 것으로 골라 그 열매에 맑은 물을 부어두면 하룻저녁 안에 검붉게 우러나 그 빛이 참 예쁘다. 붉은 오미자 물을 걸러 유기농 설탕이나 원당을 타고 배나 수박, 참외 등 여름 과일을 잘라 조각을 띄워 먹으면 여름철 갈증 잡는 음료로 제격이다. 다섯 가지 맛이 있다고 하지만 주로 신맛이 강하므로 꽤 달게 만들어야 맛이 좋다. 불면증에도 효과가 좋으니 더워서 잠을 이루기 힘든 열대야에 한 그릇 마셔도 좋을성싶다. 봄철 황사 속 먼지와 중금속이 염려될 때도 오미자화채나 오미자차가 요긴하다. 황사는 피부 속 모공에 먼지가 침투해 뽀루지가 돋게 하고 입안과 기관지 점막을 마르게 해 기침을 불러일으키는데, 이때 매일 오미자 음식을 먹으면 오염 물질을 희석한다.

오미자화채

오미자 … 1컵
물 … 10컵
유기농 원당 … 2컵
배 … 1/2개
통후추 … 1큰술

오미자 건강법

오미자는 목이 간질간질하면서 쉼 없이 기침을 하며 기침을 한번 하면 얼굴이 붉게 상기되는 사람에게 좋다. 오미자는 몸에 진액을 생성하게 하여 구강건조에도 좋다.

❶ 오미자는 깨끗이 씻어 채반에 밭쳐 물기를 뺀다.

❷ 배는 껍질을 벗겨 반달 모양으로 두껍게 썬 뒤 둥근 등 쪽으로 통후추를 3알가량 눌러 박는다.

❸ 생수를 끓인 뒤 식혀 미지근해지면 ❶의 오미자를 담아 하룻밤(15시간 정도) 우려낸 다음 체에 걸러 건더기는 버리고 오미자물만 받아 둔다.

❹ 원당은 생수를 조금 붓고 살짝 끓여 녹인 후 식힌다.

❺ ❸의 오미자물에 ❹의 원당 끓인 물을 섞어 새콤달콤하게 맛을 조절한다.

❻ ❺의 새콤달콤한 오미자물에 ❷의 배를 띄워 낸다.

오후, 네 시의 베지터블 타임

두유마요네즈 & 모둠채소스틱

"툭툭툭툭." 빗방울 긋는 소리가 요란했다. "오랜만에 비가 오나 보네." 잠이 덜 깬 멍한 정신으로 중얼거리다가 다시 잠을 청하려는데, 문득 드는 생각. '아이고 내 토마토!' 안경을 집어 끼고는 베란다 텃밭으로 달려갔다. 심은지 얼마 안 된 방울토마토 모종을 구하러 가는 것이다. 지난여름에 박스에 키우던 씨앗과 모종들이 굵은 빗줄기에 패어 망쳐졌던 기억이 떠오른 것이다. 다행히 토마토는 빗방울 몇 개만 매단 채 무사히 살아 있다. 나란히 놓인 상추, 쑥갓, 피망, 고추, 꼬마 양배추, 오이와 가지들도 모두 무사하다. 어린 아들딸의 귀갓길에 비가 오면 우산을 들고 달려가는 부모처럼, 채소를 기르는 도시 농사꾼의 마음도 그렇다. 노심초사 애달프다가 다행히 제가 알아서 비를 가리고 오는 아이를 마주친 부모처럼 채소가 기특해 스멀스멀 웃음이 났다.

얼마 지나지 않아 우리 집 식탁에는 날이면 날마다 갓 딴 채소가 올라왔다. 몇 단계의 도매, 소매 과정을 거쳐 오는 채소와는 전혀 다르다. 채소가 온 거리는 고작 베란다에서 싱크대까지의 몇 미터, 이른바 '푸드 마일리지(식품이 생산된 곳에서 일반 소비자의 식탁에 오르기까지의 이동 거리)'가 0이다. 토마토를 똑똑 따는 일은 아이가 특히 좋아해서 도무지 엄마가 할 틈을 주지 않는다. 조롱조롱 열린 방울토마토와 꼬마 양배추, 노랑·빨강 파프리카 등을 따와 씻고 두유마요네즈를 한 종지 준비하면 오후 네 시의 휴식이 마련된다. 일하다가 잠시 쉴 때 이 신선한 채소들을 씹으면 뿌옇던 눈이 반짝 떠져 다시 집중하게 된다. 영국 사람들이 스콘에 홍차를 곁들여 티타임을 즐기듯, 우리 집에서는 무지갯빛 채소에 두유마요네즈를 곁들여 '베지터블 타임'을 즐긴다.

오염된 토양에서 농약을 비처럼 맞으면서 자란 채소를 믿기 어려워 유기농 채소를 따로 주문해 먹는 주부들이 많다. 농장과 긴밀한 관계를 유지하며 채소를 사서 먹는 것도 물론 현명한 방법이다. 그런데 그보다 더 적극적이고 신이 나는 방법은 직접 길러 먹는 것이다. 서울 근교의 주말농장을 이용하는 방법도 있고 도심 속 빈 옥상을 대여해 여러 가족이 이용하는 방법도 요즘 유행이란다. 이도 저도 여의찮다면 집안에서부터 시작해 보자. 빈 옥상이나 마당, 하다못해 베란다에서라도 도시 농사꾼이 되어 보는 거다.

그 가운데 나는 집에서 시작하는 것을 가장 추천하는데, 눈뜨면 바로 보이는 곳이라 늘 신경을 써 가꿀 수 있으니 좋고, 자라나는 채소와 과일을 바라볼 때마다 마음의 평화와 보람을 얻을 수 있어 더욱 좋다. 식사 준비를 할 때마다 따다 쓸 수 있으니 주부의 기쁨이요, 작물의 성장 과정을 보여주고 생명의 소중함을 일러줄 수 있으니 아이들 교육용으로도 좋다. '겨울 딸기'가 정상인 줄 아는 요즘 아이들이 봄 딸기를 맛보며 제철 채소와 과일의 귀함을 알게 될 것이다.

텔레비전을 끄면 급작스레 서먹해질 정도로 공동의 화제가 없는 가정에 권하고 싶은 일도 텃밭 농사다. 특히 직장에서 퇴직해 종일 잠을 자거나 인터넷 게임을 하거나 TV 앞에서 시간을 보내는 남성들에게 모종과 삽을 들려주고 싶다. 일에 매몰돼 사는 동안 멀어진 아내, 자식들과의 대화 창구로도 요긴하다. 가족들이 등 뒤로 다가와 무슨 씨앗이냐며 물어올지도, 서로 제가 해 보겠다고 하면서 자연스럽게 사이도 좋아질지도.

작은 씨앗을 심고 물을 주는 동안의 그 간질간질한 사랑스러운 기분, 그게 참 좋다. 맘이 번잡스러운 날 텃밭을 돌보며 집중하다 보면, 세상사 별거 있나 싶어진다. 누구든 단순하고 맑은 어린이 마음을 가지게 되는 게 농사다. 살벌한 사회 속 직장인의 가면을 벗고 순수하고 맑은 본래의 얼굴을 찾게 되는 일이다.

제 앞가림하기도 어려운 요즘 세상 속에서 참 고마운 쉼터가 바로 작은 채소밭이 아닐까? "싹이 났네", "꽃이 피었네", "이제 열매를 따 먹을

두유마요네즈 & 모둠채소스틱

오이·노랑 파프리카·빨강 파프리카
··· 1개씩
방울토마토 ··· 20알
그린빈 ··· 20개
당근 ··· 1/2개

두유마요네즈
해바라기유 ··· 400mL
두유 ··· 200mL
현미식초 ··· 5큰술
유기농 원당 ··· 2큰술
소금 ··· 1작은술

❶ 그린빈은 끓는 물에 6~7분 데친 뒤 냉수에 헹궈 물기를 뺀다.

❷ 오이와 당근은 껍질째 잘 씻은 뒤 긴 막대 모양으로 자르고, 파프리카도 오이, 당근과 같은 크기로 자른다.

❸ 믹서에 두유, 해바라기씨유, 원당, 소금을 넣고 돌려 잘 섞이면 정지된 상태에서 식초를 넣고 긴 나무 숟가락으로 서로 잘 섞이게 저어준 다음, 순간 작동으로 살짝 서너 번 돌려 두유마요네즈를 만든다.

❹ 접시에 채소와 데친 그린빈, 방울토마토를 담고 ❸의 두유마요네즈를 곁들인다.

- 채소는 계절에 따라 셀러리, 비트, 양배추, 배추, 순무, 과일 등 제철에 많이 나는 것으로 다양하게 응용할 수 있다.
- 두유마요네즈는 밀폐용기에 담아 냉장고에 넣어두면 10일 정도는 무난하게 먹을 수 있다.

수 있는 거지?"와 같은 고운 말들을 나누며 끊임없이 대화도 할 수 있게 될 것이다. 농사의 치유력이 서로의 다친 마음도 어루만져 줄 것 같다.

베란다 텃밭 만들기

1. 햇볕과 바람에 신경 쓸 것.

베란다에 밭을 만들려면 하루에 네 시간 정도는 햇볕이 들어야 한다. 햇볕 못잖게 중요한 것이 통풍이다. 농사를 지어보지 않은 이들은 물과 빛만 있으면 잘 자라는 줄 알지만, 바람이 통하지 않으면 식물이 웃자라고 병충해에도 시달리기 쉽다. 바깥 기온이 영하로 내려가는 겨울을 빼고는 수시로 창을 열어 바람이 통하도록 하자.

2. 구청 홈페이지를 이용해 씨앗과 상자 등을 지원받을 수 있다.

상자는 인터넷 등에서 플라스틱 제품을 살 수 있지만, 버려진 스티로폼 상자를 재활용하면 더욱 좋다. 보온 효과가 있어서 흙 안의 온도를 일정하게 유지해주는 장점이 있다. 구청 홈페이지를 이용하면 상자 텃밭 분양도 해 준다. 시중 가격의 반 정도면 갖은 모종과 씨앗, 흙과 상자까지 지원해 준다. 흙은 화원에서 사서 쓰는데 가능하면 밭 흙을 구해 쓰면 더 좋다. 상자 안에 지렁이를 넣어주면 흙에 공기를 불어 넣어주고 부드럽게 만들어 주어 좋다.

마음을 닫아버린
친구에게 주는 선물

발아현미생식경단

"채식 때문에 십년지기 친구랑 다투었어요."

오랜만에 식당에 온 손님의 표정이 어두워 무슨 일이 있느냐고 물었더니 하는 소리다. 말인즉슨, 채식을 해 보는 게 어떻겠냐는 이분의 제안에 친구가 발끈해서 한참을 투닥거리게 됐다는 것이다. 친구의 요지는 이랬다.

"채식, 그거 팔자 늘어진 부르주아들이나 하는 것 아니야? 나탈리 포트먼이나 디캐프리오나 해외 연예인들도 다 개인 요리사가 관리해 주는 거야. 학원에서는 김밥 한 줄 사러 갈 시간도 없어서 커피만 마시고 수업해. 그렇다고 유기농 채소 사다 도시락 쌀 돈도 없고 말이지. 집에 오면 요리할 기운도 없어서 편의점 삼각김밥이나 라면으로 한 끼 때우고 말지. 결국 우리 같은 도시 빈민층에게 채식은 언감생심인 거야!"

직장에 다니던 중, 하고 싶은 공부가 생겨 뒤늦게 대학원에 등록한 친구는 손님의 친구 중에서도 가장 바쁜 친구라고 했다. 대학원 수업 외에 학비와 생활비를 벌려고 보습학원 강사를 뛰고 있어 하루에 너덧 시간 자며 살아간다고 했다. 그래서 겨우 반년 만에 만났는데 날씬하던 몸은 군살이 붙어 둔해 보이고 낯빛은 칙칙하고 어두워서 마음이 아팠단다. 몸매는 그렇다 치고 건강이 너무 염려되어 한마디 한다는 게 "채식 한번 해 보는 게 어때? 생각보다 할 만해."였다. 그 말이 몸과 마음이 피폐해진 친구의 처지에서는 고깝게 들렸고 진심은 전혀 전해지지 않았던 거다. 그저 "알았어, 알았어. 억지로 권하는 건 아니야." 우물거리다가 헤어졌다나. 친구가 하도 악에 받쳐서 화를 내는 통에 몇 마디 대답도 해 보지 못하고 말았단다.

"선생님 채식이 어렵지 않다는 걸 어떻게 설명할까요? 어떤 말로 권해야 그 친구를 설득할 수 있을까요?"

"설득이 안 되지요. 세상살이가 힘들고 상처 입고 닫힌 마음에 무엇이 통할까요. 그 친구의 귀에 '채식이 쉽다'라는 이야기가 제대로 먹히겠어요? 살기도 어려운데 규칙과 의무를 하나 더 추가하라니 인생의 짐이 더 무거워지는 것 같아 화가 날 테지요. 채식이라는 삶의 선택을 할 정도의 여유가 있는 친구에 비해 선택의 여유가 없는 자기 삶이 초라하게 느껴져 우울했던 건지도 모르고요. 그저 만나면 맛있는 채소요리 한 끼 사주고, 힘든 이야기나 실컷 들어주세요. 그게 우정이잖아요."

그러면서 미국의 팝가수 제이슨 므라즈의 한 마디를 덧붙여 들려주었다. 이 가수는 유명한 환경 보호 운동가이자 채식주의자다. 한 인터뷰에서 들은 그의 채식론이 인상 깊었다.

"채식은 드라마를 보지 않고 책을 보는 만큼의 노력만 들이면 된다."

드라마는 어떤 노력도 의지도 없이 드러누워 이리저리 리모컨을 돌리며 볼 수 있다. 굳이 이해하거나 정리하며 보지 않아도 시간은 잘 간다. 그러나 독서는 다르다. 책은 직접 골라서 책장을 넘기며 이해를 하지 않으면 한 장도 읽을 수 없다. 그러나 텔레비전이 줄 수 없는 소중한 것들을 우리에게 준다. 그러니 제이슨 므라즈 대답에는 두 가지의 뜻이 함께 담겨 있다고 생각한다. 채식은 아주 작은 번거로움만 감수하면 할 수 있는 정말 쉬운 일이라는 뜻과 사실 좀 번거롭긴 번거로운 일이라는 뜻.

채식의 번거로움을 부정할 수는 없다. 가는 곳마다 채식주의자냐는 질문에 답하고, 단백질 부족을 염려하는 참견을 감수해야 하며, 비빔밥에 얹은 고추장이 하필 쇠고기를 갈아 넣은 정성 들인(!) 고추장일 경우 조심스레 걷어내고 맨밥을 먹어야 하는 불편도 있다. 의미 있고 보람되고 나의 몸과 영혼을 살리는 고마운 채식은 요즘처럼 세상 살기 고단한 사람들에게는 사치스럽고 유난스럽고 번거로운 일로 보일 수도 있는 것이다. 그러나 번거로움 없이 얻을 수 있는 좋은 것이 어디 있으랴. 일도 건강도 사람도 사랑도, 수고로이 얻은 것들이 귀하다. 그리고 처음이 어렵지 두 번째부터는 요령을 알아 예상보다 쉽게 얻어지는 것들도 많다. 그렇다고 그 사실을 알리기 위해 고단하고 외로운 벗과 소리높여 다툴 필요야 없을 것이다.

　돌아가는 그 손님에게 발아현미생식경단 조리법을 알려주었다. 한번 만드는 김에 많이 만들어 그 친구에게 서너 개 들려주라 했다. 재료를 갈고 다져서 모양을 내면 되는 생식경단은 조리과정의 간단함에 비해 생식의 영양이 고스란히 살아있는 요리다. 굳이 채식식당을 찾지 않아도 하루 한 끼 채식 라이프를 유지할 수 있도록 돕는다. 데우지 않아도 되니 더욱 간편하다.

　마음이 다치고 닫힌 친구에게 필요한 것은 정밀한 논리와 유려한 말솜씨가 아닐 것이다. 한없이 지친 친구를 품에 꼭 안아주고 헤어지기 전에 정성껏 만든 요리 선물을 살며시 들려 보내라. 그 정도가 오랜 지기로서의 최선이 아닐까? 친구의 정성에 감동해 요리를 먹고, 그 효능을 알고 나면 제 손으로 그 '번거로운 채식'을 시작하게 될지도 모른다. 변화는 역시 한 끼부터니까. 한 끼만 건강한 음식을 먹으면 입맛이 예민해져서 화학조미료에 쩔은 음식들로 마비된 혀가 제정신을 차리게 된다. "한 개의 햄버거를 먹지 않은 순간, 한 평 반의 숲이 살아난다. 한 끼의 채식이 나를 살리고 지구를 살린다. 아무리 먹고 살기 바빠도 이 정도의 사람다움은 필요하지 않을까?"와 같은 옳고 바른말은 친구의 마음이 좀 더 열렸을 때 해도 늦지 않다.

발아현미 생식경단

불린 현미 … 1/3컵
곶감 … 10개
볶은 땅콩 … 20알
볶은 통깨 … 2큰술
소금·계핏가루 … 1작은술씩(다
크초콜릿·아몬드 기호에 따라)

❶ 현미를 하루 정도 물에 불려놓아 발아시킨 뒤 체에 밭쳐 물기를 뺀다.

❷ 곶감은 꼭지를 떼고 씨를 발라낸 다음 잘게 다진다.

❸ 분쇄기에 ❶의 현미와 낭콩, 통깨, 소금, 계핏가루를 넣고 갈다가 입자가 고와지면 ❷의 다진 곶감을 넣고 부드러워질 때까지 간다.

❹ 분쇄기에서 부드럽게 간 재료를 꺼내어 경단 모양으로 빚은 뒤 접시에 담아낸다. 취향에 따라 중탕으로 녹인 초콜릿과 다진 아몬드를 뿌려 장식한다.

> 몸에 털이 많거나 상체가 발달한 양체질은 생식이 무리 없이 잘 맞으나, 대체로 소음인들이나 소화기가 냉한 사람들은 생식하면 처음에는 몸이 냉해지거나 배에 가스가 많이 차기도 한다. 이때는 죽염을 침으로 녹여 먹거나 냉온욕, 풍욕, 걷기 등을 많이 하면 좋아질 수 있다.

진짜 미각을 되찾으려면

양배추채소말이

우리는 매일 자신이 무엇을 먹을지 선택한다. 그런데 지금 당신이 고른 그 요리, 왜 골랐는지 이유를 아는가? 왜 그것을 맛있다고 생각하게 됐는가? 한번 고민해 볼 일이다. 아기들은 본능적으로 단맛을 찾는다고 한다. 단 것은 순한 것이 많고 쓰거나 신 것에 독이 있는 경우가 많으니, 이것은 생존본능일 것이다. 그러나 이러한 기본적 맛 선호를 제외하고 입맛의 많은 부분은 사실, 학습에 의한 것이다. 예컨대 세계인이 최고의 진미라고 치켜세우는 트뤼프(송로버섯) 요리를 서너 살 아이들에게 내밀어 보라. 이상하게 생긴 이 괴물은 무엇이냐며 울음을 터뜨릴지도 모르겠다.

스스로 선택했다고 믿고 있는 '입맛'의 많은 부분이 실제로는 조작된 것이다. 다양한 스펙트럼의 맛 중에서 사회와 부모로부터 '맛있다'라고 배운 음식들을 좋아하게 되는 것이다. 특히나 많은 동물성 식품들이 나라별, 민족별 오랜 전통에 의해 더욱 맛있는 것이라고 여겨진다. 그러니, 내가 그 음식을 고른 게 아니라 음식이 나를 골랐을 수도 있는 것이다. 이곳, 이 시대에 태어났다는 이유로. 이러한 생각은 '광주 학교 영양사회'의 활동에 참여해 교사, 학부모들을 상대로 특강을 하며 확신하게 됐다. 인스턴트나 단 음식만 좋아하던 아이들에게 건강한 채소요리를 일정 기간 먹였더니 자연스럽게, 이전의 식습관과 멀어졌다는 놀라운 변화가 속속 보고된 것이다. '나쁜 입맛'은 학습되고 조작된 것일 뿐이었다!

그러나 현대는 '맛의 학습'을 넘어 '맛의 강요'에 이른 시대다. 게다가 우리 아이들이 살아갈 세상은 더욱 그러할 것이다. 텔레비전과 잡지마다 어떤 맛집이 유명한지, 새롭게 떠오르는 요리는 무엇이 있는지, 어떤 요리사가 뜨는지 정보가 넘쳐흐른다. 개인 블로그에서도 지역별로 소문난 맛집을 소개한다. 그런 매체들을 두어 시간 보다 보면 "꼭 가야겠다!"라는 생각이 한밤중에도 솟구친다. "이번 주말에 가서 줄을 서서라도 먹어야겠어!"라고 다짐하게 되기도 한다. 특히나 다이어트에 열심인 사람들은 아이러니하게도 이런 맛집 순례에 더욱 열광하게 되기도 한다. 식욕을 억제하니 엉뚱한 쪽으로 튀는 것이다. 이러한 맛있는 음식에 대한 열정은 좀 과잉된 감이 있다. 모든 게 너무 지나치다.

그런데 더욱이 문제는 사람들이 맛있다며 엄지손가락을 번쩍 드는 요리들이 실제로는 각종 첨가제와 조미료 등으로 범벅된 '나쁜 음식'이라는 데 있다. 뽀얗게 미백 된 밀가루에 정제 설탕을 섞어 구운 빵, 흙 한 번 밟아 보지 못한 채 몸을 돌릴 수도 없는 공장식 양계장에서 자란 닭으로 만든 요리, 그럴싸한 향으로 과일이나 채소가 원래 지닌 싱그러움을 모조리 덮어버린 주스와 케이크, 고추의 달착지근하게 매운맛이 아니라 캡사이신을 들이부어 혼을 빼놓는 매운 요리들. 그러한 음식들은 대개 화려한 모양으로 눈을 멀게 하고 혀를 마비시키며 과잉 칼로리로 몸마저 둔하게 만든다.

일단, 음식이 점점 싱겁게 느껴진다면 위험 신호다. 밥 한 공기에 간단한 반찬을 곁들여 먹는 가정식이 시시하게 여겨지면, 자신의 식생활을 한번 돌아봐야 한다. 맛있다고 느끼는 것들이 정말 맛있는 것인지 곰곰이 생각해 볼 때이다. 음식을 바라보는 눈을 맑게 하고 혀를 깨워 줄 시간이다.

양배추채소말이는 미각의 회복을 위한 음식이다. 요리랄 것도 없다. 채소는 그 종류가 다양할수록 보기도 좋고 몸에도 좋다. 각각의 식감과 씹을수록 배어 나오는 즙의 맛이 다르니, 제철을 맞은 채소라면 많이 썰어 넣는다. 오이와 당근, 파프리카, 팽이버섯, 무순 등을 가늘게 썰거나 다듬은 뒤 살짝 절인 양배추에 말아서 먹으면 되는데, 이대로도 맛이 좋으니 따로 드레싱을 치지 않아도 괜찮다.

양배추채소말이의 진정한 맛을 알 수 있다면, 미각이 회복된 것이라고 보아도 좋을 것이다. 나는 이 음식을 먹을 때마다 시골에서 농사짓고 살았으면 좋겠다고 생각한다. 거름만 주고 약을 치지 않아 울퉁불퉁 못나게 자란 채소를 방금 따와서 에 먹으면 얼마나 더 맛이 좋을까. 신선한 채소를 썰 때 배어 나오는 즙은 그 어떤 음료보다 달고 개운하다. 잔뜩 치장한 맛을 보느라 피로해진 혀가 비로서 휴식을 취하는 느낌이 든다. 익히거나 양념하지 않은 양배추와 당근, 무순 안의 길들지 않은 자연의 에너지. 사람으로 치자면 태도는 조용하지만, 상상할 수 없이 거대한 에너지를 안에 담아둔 그런 외유내강형이랄 수 있을 것 같다.

양배추채소말이

양배추겉잎 … 4장
무순 … 1팩
팽이버섯 … 1봉지
노랑·빨강 파프리카 … 1/2개씩
오이·당근 … 1/4개씩

단촛물
유기농 원당 … 3큰술
식초 … 2큰술
소금 … 1작은술
레몬 슬라이스 … 2쪽

오렌지드레싱
오렌지 … 1개
해바라기씨유 … 8큰술
유기농 원당·레몬즙 … 2큰술씩
식초 … 4큰술
소금·후춧가루 … 약간씩

❶ 파프리카와 당근, 오이(1/2)는 굵게 채 썰고, 팽이버섯은 밑동을 잘라 준비한다.

❷ 남은 오이(1/2)는 껍질째 필러로 길게 저며 양배추겉잎과 함께 분량의 재료를 섞어 만든 단촛물에 살짝 절였다가 건져낸다.

❸ 오렌지는 과육을 발라내어 믹서에 넣고 다른 드레싱 재료들과 함께 곱게 갈아 오렌지드레싱을 만든다.

❹ ❷의 양배추잎을 펴고 파프리카·오이·당근채, 팽이버섯, 무순을 적당히 올려 둥글게 만 뒤, 절인 오이로 감싸 동여맨다.

❺ 오렌지드레싱을 곁들여 낸다.

상상의 요리를
부르는 마법

핑크레이디

핑크레이디는 근사한 내력을 가진 음료다. 1910년대 영국 런던의 한 극장에서 〈핑크 레이디〉라는 연극이 공연되어 대흥행을 거두었다. 공연의 성공을 축하하는 파티에서 여주인공 헤이즐 배우에게 선사된 핑크색 칵테일의 이름이 바로 핑크레이디. 이 칵테일은 색이 아름답고 향기가 좋아 여성들이 특히 즐기는 음료다.

본래 드라이진과 생크림, 달걀 등이 들어가는 이 칵테일을 채식인들을 위한 '무알코올 건강 칵테일' 조리법으로 변형해 보기로 했다. 새로운 요리를 개발할 때마다 우선은 머릿속으로 여러 가지 재료들을 조합해 보게 된다. 머릿속에서 채소와 과일을 썰고 찢고 데치고 볶고 끓이는 가상 요리가 한바탕 벌어지는데, 이 과정이 실제 요리할 때보다 더 신이 난다.

"혀에 부드럽게 감겨드는 달걀과 생크림을 대신할 재료가 무엇이 있을까? 그래, 두유를 사용하면 맛도 뒤지지 않고 질 좋은 단백질도 보강할 수 있는 건강음료로 재탄생시킬 수 있겠다!"

상상한 맛이 실제의 맛과 꼭 들어맞으면 그토록 기쁠 수가 없다.

작곡가들은 산책하거나 집안일을 하면서도 일상의 리듬이나 이곳저곳에서 들리는 소리에 자극받아 곡을 쓴다고 하는데, 요리사도 마찬가지다. 소울푸드식 핑크레이디를 만든다고 할 때, 우연히 들른 커피전문점 메뉴판의 소이라떼를 보고 영감을 얻을 수도 있고, 아침 식사로 두유 한 잔을 마시다가 그 맛에 자극받을 수도 있다. 마음만 열면 사방이 아이디어 천국인 것. 평소 식재료들의 맛과 향을 공부하며 '맛을 그리는 능력'을 갈고 닦으면 누구나 창의적인 채식 요리사가 될 수 있다.

두유로 고소하고 부드러운 맛을 내고 장미시럽과 체리가루로 달콤한 맛과 향기를 더한 핑크레이디는 상상한 것만큼 근사하게 완성됐다. 이 채식 핑크레이디는 형형색색 화려한 인공 음료를 사 달라고 조르는 아이들에게 내놓으면 좋겠다. 요즘은 단 음료 천국이다. 달기만 해서 치아에 해롭기만 해도 걱정인데 인공감미료와 백설탕이 가득하니 아이들 데리고 슈퍼를 찾기가 두렵다. 목이 마를 때 맑은 물 대신 파란색, 노란색 물감을 탄 것 같은 색소 음료를 물고 다니는 아이들을 불러 분홍색이 어여쁜 핑크레이디 한 잔을 내 주자. 처음 맛보는 색다른 음료의 색과 모양에 첫눈에 호기심을 불러일으키고, 한입 쭉 빨아 보면 그 맛에 매료될 것이다. "이것을 먹지 말라."는 엄한 호통 대신, "저것을 먹어 볼까?"란 달달한 권유가 더 낫다.

알코올 의존증이 심한 성인들에게도 핑크레이디는 구원 같은 음료다. 우리나라는 서양과 달리 술을 마시고 주사를 부리거나 기억을 잃는 일에 관대한 편인데, 이런 초기 알코올중독이 지속되면 사회생활이 불가능할 정도의 중증으로 발전하는 일이 흔하다. 술 때문에 규칙적인 생활이 침해받거나 기억이 깜빡깜빡할 경우, '위험!' 신호를 켜고 단번에 술을 끊어보자. 기분 좋을 정도의 한두 잔은 괜찮지만, 술을 자제하지 못하고 마시고픈 욕구에 휘둘리게 되면, 더 이상 술을 즐겨서는 안 된다. 술은 몸속 영양의 분해를 방해해 내장형 비만과 동맥경화 등의 성인병의 원인이 된다. '한 잔 생각'이 간절하고 왠지 울적해질 때 빛깔 고운 채식 핑크레이디 한 잔이 다정한 벗이 되어줄 것이다. 오늘 하루의 금주 대성공을 축하하는 나에게 건강 바텐더가 바치는 칵테일 한 잔이다.

핑크레이디

두유 … 2컵
장미시럽 … 2큰술
체리가루 … 1큰술
민트잎·얼음 … 조금씩

TIP 체리가루 대신 석류즙, 오미자효
소로 바꾸고 탄산수를 가미해도 좋다.

❶ 두유, 장미시럽, 체리가루, 얼음을 한데 섞어 거
품기로 재빨리 휘저어주거나 칵테일 셰이커로
섞는다.

❷ 거품이 형성되면 잔에 붓고 민트잎을 올려 장식
해 낸다.

칵테일 재료상에 가면 '그리나딘 시럽'을 찾을 수 있다. 핑크레
이디는 실제 이것과 우유를 섞어 만드는 것이다. 두유에 그리
나딘 시럽, 오미자 효소, 석류주스를 섞어 만들어도 훌륭한 핑
크레이디가 완성된다.

여자를
위로하는 음식

강황코코넛리소토

나이 먹는 것을 행복해할 수만 있다면 이미 도를 닦았다고 할 수 있을 것이다. 그만큼 대자연의 순리에 따르는 자신의 노화를 반겨 맞이할 수 있을 만한 내공을 갖춘 사람은 찾기 드물다. 겉으로야 "현명하고 아름답게 늙는다면 할머니, 할아버지가 되는 것도 괜찮다."라고 하지만, 만일 신이 다시 젊어지게 해준다면 거절할 사람이 몇이나 될까? 여성이라면 더욱 그렇다. 주름지고 느슨해지는 피부와 흰 머리에 기분 좋아지는 여성이 있을까? 하물며 젊은 시절 아름다움과 총명함을 자랑했던 여성이라면 자신의 노화에 더욱 충격을 받고 우울감을 느끼기도 한다. 몸과 마음의 노화가 급격해지는 갱년기는 그러므로 여성의 제2의 사춘기와 같다. 이 시기를 어떻게 보내는가에 따라 이후의 삶의 모양이 그려진다. 그러나 반갑지 않은 여러 변화에 갑작스러워하며 주변 사람들 만나기를 피하고 홀로 고독 속에서 우울해하는 갱년기 여성이 많아 안타깝다.

완경기라고도 불리는 갱년기는 난소의 기능 변화로 여성이 성숙기에서 노년기로 이행하는 시기다. 갱년기는 개인의 체질과 영양상태, 출산 횟수에 따라 차이는 있으나 통계상으로는 40~55세 중에 찾아온다. 요즘은 각종 스트레스와 환경오염으로 30대에 벌써 폐경이 찾아오고 갱년기가 진행되는 일도 있다고 하니, 긴장할 일이다.

갱년기는 참 귀찮다. 에스트로젠이 감소했을 뿐인데 온몸 구석구석 못마땅한 변화들이 일어난다. 얼굴이 쉽게 붉어지고 밤잠을 잘 때 땀이 많이 나며 피부가 급속히 나이 들어 주름과 잡티가 늘어난다. 그뿐만 아니다. 우울감과 불면, 신경과민, 의욕 상실, 집중력 저하, 요실금 등이 번갈아 찾아오니 이 시기 여성의 몸과 마음은 참으로 버겁다. 홀로 이겨내기에는 너무 고독하고 지난한 일인데, 갑작스러운 아내, 어머니의 변화에 가족들은 무신경하거나 꼭 한마디 해서 울컥하게 만든다.
"남들 다 겪는 갱년기, 유별나게 왜 그래!"

사람으로 태어난 이상, 인생의 평균 30% 정도의 기간은 노년기로 살아가야 한다. 노년으로 접어드는 시기, 그래서 더 불안한 갱년기를 현명하게 극복하는 것이 인생 행복의 중요한 과제가 됐다. 적이라고 생각지 말고 먼 길 함께 갈 벗이라고 간주하고, 그 벗과 친하게 지내기 위해 그의 면모를 세밀하게 살펴야 한다.

숨기면 병 된다. 돌보지 않으면 망가진다. 인간의 삶 중 유별난 시기인 갱년기에는 나 자신을 유별나게 귀히 여기고 보살펴야 한다. 그래야 이 갱년기란 놈이 고분고분 말을 잘 듣는다. 심통 난 어린애를 다그치면 더욱 비뚤어지고 실실 달래고 입에 난 음식으로 유혹하면 배시시 웃듯이, 사람의 몸에 난 탈도 그렇다. 거울 속 내 얼굴이 유독 서글프게 느껴지고 끝도 없이 기분이 가라앉는 날이면 "나만 왜 이럴까?" 하며 애꿎은 자신을 나무라지 말고, 안쓰러운 나에게 맛있는 음식을 마련해 주자. 힘든 시기를 통과하고 있는 내 몸과 영혼을 위로하는 요리로는 강황가루가 듬뿍 들어가 향기로운 리소토가 제격이다.

얼핏 어려워 보일 수 있지만, 냉장고 속 채소들을 바리바리 꺼내고 항상 준비된 멥쌀에 조금 특별한 재료인 강황가루와 코코넛밀크만 더하면 쉽게 완성되는 요리다. 다른 반찬 필요 없이 식사가 가능한 한 그릇 요리이므로 식탁 차리는 시간은 도리어 덜 드는 고마운 요리이기도 하다. 강황코코넛리소토 맛 내기의 포인트는 채소국물이다. 채식가정이라면 늘 준비해두는 채소국물은 여러 가지 채소의 깊은 맛이 우러나 있어 밥알에 스며들어 그냥 맨밥을 볶은 것과는 천지 차이인 맛을 내준다. 뜨거운 채소국물이 흡수된 양파와 버섯, 애호박, 완두콩, 당근의 맛을 본 사람들은 "무슨 마법 양념을 했길래 이렇게 맛이 달려져요?"하고 놀라움을 표현해서 요리사의 마음을 흐뭇하게 만들기도 한다.

노란 강황의 효능은 널리 알려져 요즘은 '강황목욕탕'이 개발될 정도로 건강에 관심 많은 사람의 사랑을 듬뿍 받고 있다. 강황은 노화 특효약이다. 뇌세포에 생기는 염증을 줄이는 음식 중 가장 강력한 효과를 인정받은 것이 바로 강황이다. 또한 '인도인은 치매가 없다.'라는 말이 전해질 정도로 강황이 들어간 커리를 즐겨 먹는 인도인들은 서구인과 비교하면 치매 인구가 적다. 또한 강황은 갱년기에 수반되는 우울감 해소에도 즉효다. 강황 성분이 세로토닌과 도파민의 고갈을 방지해 늘 좋은 기분이 유지되도록 돕기 때문이다. 또한 강황 속 '커큐민'은 폐경기 증후군으로 인한 유방암 위험률을 급속히 줄여주는 성분이기도 하다. 커큐민에 함유된 항체 호르몬이 종양의 발생을 방지하기 때문이다. 이토록 대단한 강황의 효능을 온전히 받아들이는 가장 좋은 방법은 역시 곁에 두고 여러 요리에 활용하는 것이다. 식(食)이 약(藥)이다.

강황코코넛리소토

현미 … 300g
채소국물 … 700mL
코코넛밀크 … 1컵
강황가루 … 2작은술
해바라기씨유 … 2큰술
다진 양파 … 2큰술
캐슈너트 … 20알
양송이·애호박 … 100g씩
완두콩·당근 … 50g씩
파슬리잎·소금·버섯시즈닝·후춧
가루 … 조금씩

❶ 채소와 버섯은 작은 깍두기 모양으로 썰고, 현미는 씻어 물기를 빼둔다.

❷ 큰 냄비에 해바라기씨유를 두르고 다진 양파를 넣어 중불에서 볶다가 씻은 현미를 넣고 기름이 배도록 잘 섞으면서 볶는다.

❸ ❷에 ❶의 잘게 썬 채소를 넣고 같이 볶다가, 뜨거운 채소국물을 한 국자 넣고 잘 섞으면서 끓인다. 재료에 국물이 흡수될 때까지 채소국물, 코코넛밀크를 조금씩 부어주면서 15~20분 정도 끓인다.

❹ ❸이 다 익으면 소금·후춧가루로 간을 한 뒤 그릇에 옮겨 담고, 다진 파슬리잎을 조금 뿌려낸다. 비건치즈가루를 조금 뿌려도 좋다.

*채소국물 만들기 71쪽 참조.

채소, 과일, 곡식을
통으로 먹어야 하는 이유

무나 연근, 마와 같은 뿌리채소는 빛 에너지를 많이 저장하여 따뜻한 성질이 있고, 배추나 상추와 같은 잎채소는 수분이 많아 시원한 성질이 있다. 몸이 기가 약한 사람의 경우, 잎채소만 많이 섭취하면 몸이 차가워질 수가 있으니 뿌리채소와 섞어 고르게 섭취해야 한다. 그러므로 채소를 통으로 먹는 습관을 들이면 재료의 음과 양을 따질 것 없이 몸이 건강해진다. 식물은 껍질(양)과 알맹이(음), 잎(양)과 뿌리(음) 부분이 한 몸 안에서 음과 양의 조화를 이루고 있고 각 위치에 따른 고유의 영양을 지니고 있기 때문이다. 버리는 부분이 없이 먹어야 오장과 육부가 조화롭게 건강하고 성격도 모난 데 없이 형성된다.

이 방식은 곡물을 먹을 때도 똑같이 적용된다. 도정을 많이 한 곡물을 오래 먹으면 비타민, 무기질이 부족해지기 쉽다. 비타민과 무기질 부족은 인체의 산성화로 이어지는 길이니, 통곡식 위주의 식생활을 유지해야 한다.

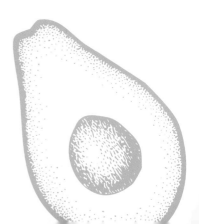

PART 3

영혼을 맑게,
채식

접시 하나에
온 우주를 담아

오방채소찜

우리는 열망한다. 좋은 사람이 되고 싶다. 현명함과 덕스러움을 고루 갖춘 사람으로 성장하고 싶다. 그런가 하면 냉철한 지성과 공명정대한 판단력도 지니고 싶다. 여러 가지 덕목을 갖추었으되 그것들이 '나'라는 그릇 안에 잘 어우러져 살아가게 되기를 바라는 것이다. 어느 한 군데 모난 데 없이 둥글고 조화로운 사람이 되고 싶은 것이다. 지나친 욕심이 아니다. 물론 사람이기에 신만큼 완전하고 완벽한 존재가 될 수는 없음을 잘 알고 있지만 그런데도 신의 모습을 닮아가려 쉬지 않고 자신을 바르게 세우고 닦는 것, 그 고되고 고된 노력 자체가 역설적으로 우리 인생의 존재 이유이리라. 결과가 아니라 과정, 그 자체가 바로 삶이므로.

어려운 길이다. 때로 자신의 어리석음에 좌절하고 자신을 통제할 수 없음에 울적하기도 하다. 그런 때에 권하고 싶은 요리가 바로 오방채소 찜이다. 음양오행의 각 성질을 지닌 다섯 색깔의 채소가 반듯하게 줄지어 앉은 흰 접시. 마, 가지, 애호박과 단호박, 방울토마토, 들깨는 각기 쇠(金), 땅(土), 나무(木), 물(水), 불(火)의 기운을 지니고 있다. 접시 위에 우주의 모든 기운이 놓여 있다.

채소를 먹을 때 유념할 점이 있다. 먹긴 먹되, 살펴 가며 골고루 챙겨 먹어야 한다는 것. 특히나 한창 몸과 마음의 기틀을 잡는 어린아이들을 키우는 부모들은 절대 잊으면 안 되는 점이다. 채소들은 그 색과 모양에 따라 품은 우주의 기운이 각기 다르다. 예컨대 오방찜의 둥글고 노란색을 띠는 단호박은 오행 중에서도 땅의 기운을 가진 대표적 재료다. 대개 모양이 둥글고 맛이 단 땅의 채소들, 고구마와 양배추, 참외 등은 위장과 비장을 편안하게 한다. 마찬가지로 그 기운에 따라 심장과 간, 폐와 콩팥에 이로운 채소들이 다 따로 있다. 푸른 것은 간에 이롭고 검은 것은 신장에 이롭다. 오장 중 어디 한 곳만 고장 나도 전체가 쉬이 망가지는 게 몸이니 밭 위의 온갖 채소가 모두 보석보다 귀하다. 어느 색 하나 빼놓지 않고 그저 먹기만 하면 건강이 따라오게 만드는 고마운 신의 선물이다. 벗이 내게 준 선물도 한껏 기뻐한 후 오래오래 유용하게 사용해야 도리인데, 하물며 신이 준 선물이야.

사람의 몸과 마음과 영혼은 어느 하나 독자적으로 존재하지 않는다. 예컨대 사람이 입맛의 중도를 잃고 이상한 식탐을 부리기 시작하면, 그는 이내 자신의 감정도 조절하지 못하게 된다. 말과 행동에 불협화음이 들려오기 시작한다. 치우친 음식이 치우친 성정을 이끈 탓이다. 나아가 삐걱대는 말과 행동은 그의 운명 또한 어그러지게 한다. 영혼을 맑게 유지하기 위해 몸의 오장과 육부를 두루 살펴야 하는 것이다. 오장육부를 건강하게 유지하기 위해서 바르게 먹어야 할 필요가 여기에 있다. 모든 것은 연결되어 있다.

　요즘에는 환경오염과 지구온난화로 계절의 경계가 점차 희미해지고 있다고는 하지만, 그래도 우리나라에는 사계절이 있지 않은가? 덕을 쌓고 원만한 사람으로 사는데 더없이 축복받은 땅이다. 온 나라의 논과 밭에 사계의 에너지를 품은 식물이 자라나니 말이다. 매년, 매 계절 새로운 싹을 내고 열매를 맺는 푸른 채소를 먹고 그 생명력을 닮아가자. 잘 익힌 오방색 채소를 천천히 씹으며 눈으로 코로 자연의 빛과 향을 흠뻑 받아들이자. 한 접시가 우주요, 한 끼니가 수행이다.

오방채소찜

가지·애호박 … 1개씩
마 … 1/2개
단호박 … 1/4개
방울토마토 … 10개
송송 썬 실파 … 약간

고명
잣·대추·청고추·홍고추
… 조금씩

들깨소스
들기름 … 2큰술
들깻가루·간장·두유 … 1큰술씩

❶ 가지, 애호박, 마, 단호박은 적당한 크기로 썰어 김이 오른 찜솥에 10분가량 찐다.

❷ 방울토마토는 다진 실파를 같이 넣어 볶으면서 소금·후춧가루로 간한다.

❸ 분량의 재료를 섞어 들깨소스를 만든다.

❹ 접시에 가지런히 담아낸 뒤 고명으로 장식하고 들깨소스를 곁들인다.

채소의 맛 살리는 깔끔한 간장소스

오방채소찜에는 고소한 들깨소스도 잘 어울리지만, 더 깔끔하게 채소의 맛을 즐기고 싶다면 간장소스를 곁들이면 좋다.

재료: 국간장·현미식초·두유 2큰술씩, 매실효소·포도씨유 1큰술씩, 청양고추·다진 실파·후춧가루 조금씩

만드는 법: 분량의 재료를 한데 모아 잘 섞는다.

노년은 떫다. 몸이 아프니 떫고, 젊은이들로부터 소외되니 떫고, 한번 젊었으되 도로 돌아갈 수 없으니 아름답던 청춘의 기억도 때로 떫다. 음식 맛으로 치면 땡감이요, 모과와 매실이요, 도토리와 우엉과 연근이다. 그러나 떫은 채소와 과일은 그냥 날것으로 먹지 않는다. 떫은 감을 그대로 먹으면 속탈이 나고 매실은 구연산이 너무 많아 치아에 닿으면 해롭기 때문이다. 그리하여 떫은 것을 물에 거르거나 설탕으로 재거나 오래 발효해 먹는다. 도토리묵, 모과차, 매실청, 우엉과 연근조림 등이 그러하다. 떫은 재료를 버리거나 피하지 않고 약간의 쌉싸래함만 감도는 격조 있는 맛으로 높이는 옛 분들의 지혜다.

제대로 된 도토리묵을 만들기 위해서는 마음을 한가롭게 가져야 한다. 시간이 좀 걸린다. 우선 가을에 주운 도토리의 껍질을 까서 말린 뒤 절구에 빻아 가루로 만든다. 가루를 물에 풀어 잠시 두고 앙금과 물이 분리되면 웃물만 따라내어 떫은맛을 우려낸다. 이 과정을 여러 번 거친 뒤 가라앉은 앙금을 질 밀러 가루로 만들고, 이 묵 가루를 물에 풀어 풀을 쑤듯 끓이다가 끈끈하게 엉기면 그릇에 부어 모양을 잡는다. 이 덩어리를 식히면 쫀득하고 구수한 도토리묵이 된다. 시장이나 마트에서 묵을 사다 먹으면 편하지만, 정성껏 도토리묵을 쑤는 시간이 꽤 즐거워, 가을이면 다람쥐처럼 도토리를 주우러 다니느라 늘 분주하다.

《동의보감》에서는 도토리는 독이 없고 성질이 따뜻해 위와 장을 보하고 설사와 이질 등의 병을 고친다며 높이 보았다. 음식을 많이 먹고 속탈이 나면 도토리 가루를 물에 타서 먹기도 할 정도로 약이 되는 재료였다. 현대인들에게는 도시 생활 속에서 어쩔 수 없이 축적되는 중금속을 흡수·배출하는 디톡스 식품으로도 주목받는다. 다만 도토리는 반드시 떫은맛을 걸러 타닌 성분을 알맞게 남겼을 때만 좋은 효능을 발휘한다. 그대로는 쓰고 떫어 도무지 먹을 수 없고 많이 먹으면 변비에 걸릴 수도 있다.

도토리묵을 저으며 노인 됨에 대해 골똘히 생각한다. 노년 또한 그러하다. 사람은 나이가 들어가며 온갖 풍파를 겪게 되니 노인이 되면 자신 안에 온갖 쓰고 떫은 것들이 잔뜩 쌓인다. 허나 그 쓸쓸한 마음을 잘 다스려 쓴 것은 거르고 알찬 것은 남기면 인생의 후배들에게 전해줄 귀한

새콤달콤
시원한 묵사발

도토리묵 … 1모
김치 … 160g
구운 김 … 3장
오이·쑥갓잎 … 조금씩
참기름·후춧가루 … 약간씩

국물
채소국물 … 6컵(가감)
진간장 … 1~2큰술
식초·유기농 원당 … 4큰술씩
청양고추 … 2개
간 배 … 1/2개
탄산수 … 1컵(없으면 빼도 됨)
레몬즙 … 1큰술
소금 … 약간

❶ 믹서에 채소국물, 청양고추, 껍질과 씨를 제거한 배, 원당, 식초, 소금, 레몬즙을 넣어 곱게 갈아 국물을 만든 뒤 냉장고에 넣어 둔다.

❷ 도토리묵은 길게 채 썰어 끓는 물에 살짝 데친 다음 얼음을 넣은 물에 담가 시원하게 식혀둔다.

❸ 김치는 속을 털어내고 국물을 꼭 짠 뒤 송송 썰어 참기름과 후춧가루 약간을 넣고 무친다.

❹ 그릇에 ❷의 묵을 담고 ❶의 국물을 부은 뒤 ❸의 양념한 김치를 올리고 김가루와 쑥갓을 곁들여 낸다.

*채소국물 만들기 71쪽 참조

지혜로 뭉쳐지기도 한다. 돈만 좇던 이, 연속된 실패를 겪은 이, 부나비처럼 사랑만 좇던 이도 고요하고 정갈한 삶의 갈무리를 통해 자신은 단단해지고 실패로부터 얻은 교훈을 남과 나눌 수 있게 되는 것이다. 물론 그러기 위해서는 나이 늘수록 헛된 욕심을 버리고 한 걸음 물러서고 베풀며 약간은 어수룩할 줄도 알아야 한다.

도토리묵사발은 도토리묵을 면처럼 가늘게 채 썰어 냉국물에 말아먹는 요리다. 채식요리를 낯설어하는 어르신들도 한 그릇 말아 내놓으면 맛있게 잘 드신다. 고소하고 달큼하며 감칠맛 있는 국물이 떨어진 입맛을 돋우고 매끄럽게 후루룩 넘길 수 있는 도토리묵사발은 이가 좋지 않은 어르신들도 쉽게 드실 만하다. 도토리의 성질이 따뜻하고 칼로리가 낮으니 다이어트 야식으로도 만만하다. 추운 날에는 국물을 따끈하게 데워 온국수로 해 먹어도 별미다. 소화가 쉽고 새콤달콤한 국물 맛이 잠을 깨우니 수험생의 밤참으로도 좋겠다.

곤약물회

곤약 … 1개
배·오이·사과 … 1/2개씩
깻잎 … 1단
생수 … 조금

양념장
고추장 … 10큰술
식초·설탕 … 8큰술씩
레몬즙·매실효소 … 2큰술씩
배·사과·양파 … 1/2개씩
마늘 … 1/2큰술
생강(작은 것) … 1톨

고명
김가루·깨·얼음 … 적당량씩

❶ 분량의 재료를 섞어 양념장을 만
든 후 냉장고에서 하룻밤 숙성시
킨다.

❷ 과일과 오이, 깻잎은 곱게 채를
썰고, 곤약은 채를 썬 뒤 끓는 물
에 데쳐 냉수에 헹군 다음 물기
를 제거하고 냉장 보관한다.

❸ 그릇에 곤약과 과일, 채소를 색깔
별로 예쁘게 담은 뒤 양념장을 올
리고 생수를 적당히 붓는다.

❹ 곤약물회 위에 통깨와 김가루를
고명으로 올리고 얼음을 곁들여
낸다.

음식도, 삶도 단순하게

삼색카나페 & 시금치페스토

"벌써, 다 된 거예요?"

채식요리 강좌에서 시금치 페스토를 만들 때마다 듣게 되는 소리다. 적당한 크기로 썬 시금치와 셀러리를 견과류와 함께 그라인더에 곱게 갈면 뚝딱하고, 완성이다. 서두르면 십 분도 채 안 걸리는 초 간단 요리다. 요리 시간이 '마이너스' 되니 정담을 나눌 시간은 '플러스' 된다. 둥글게 모여 앉은 수강생들이 잘 구운 빵이나 바삭한 과자에 페스토를 얹어 먹으며 채식 생활 정보를 공유하고 살아가는 이야기도 나누는 풍경은 바라보기에 참 흐뭇하다. 단순한 요리가 선사해 준 의외의 여유로움에 그들의 표정에도 시금치처럼 눈부신 초록이 어리는 듯하다.

요리사로 살아오며 모양이 아름답고 조리과정이 정교한 요리들을 많이 만들었다. 화려한 한 상을 차려 내갈 때의 뿌듯함도 좋았다. 그러나 최고의 요리는 역시 자연이 차려준 그대로를 먹는 것이란 생각에 변함은 없다. 채소와 곡물 본래의 맛과 색, 향기를 손상하지 않으며 생명 에너지를 고스란히 살린 요리, 불을 쓰지 않고 양념도 최소한으로 사용한 단순한 요리, 시금치 페스토를 비롯하여 베지터블레인보우, 그린샐러드, 두유마요네즈를 곁들인 모둠채소 등이 바로 그런 요리들이다.

삶과 생각을 깔끔하게 갈무리하기 위해서는 단순한 요리를 먹어야 한다. 사람은 자신의 마음을 조절할 수 있다고 여겨 자신만만해하고 그렇지 못할 때는 쉽사리 좌절하곤 한다. 사실, 사람의 마음은 입에 들어오는 것을 슬렁슬렁 따라가는 순진한 존재인데 말이다. 단순하게 먹으면 생각도 단순해진다. 만일 당신이 복잡한 인간관계, 불필요한 걱정, 얼기설기 엉켜서 어디서부터 풀어야 할지 모르는 고민 등을 안고 밤잠을 못 이루고 있다면 우선 밥상을 단순하게 차려보길 권한다.

쉽고 단순한 요리가 나를 살린다. 줄어든 요리 시간만큼 마음에는 편안함이 자리 잡았을 것이다. 그 편안함 속에서 한가롭게 요리를 즐겨보자. 초록의 향연을 눈에 담으며 풋풋한 내음을 코로 맡으며 혀를 부드럽게 감싸는 채소즙을 느끼며. 온몸의 감각으로 요리를 음미하며 부정적인 마음, 불필요한 생각, 습관적으로 달고 사는 고민을 하나씩 지워 보자. 마음은 한결 가벼워지고 오장과 육부는 편안해질 것이다. 가볍고 단순한 요리가 선물해 준 축복은 무엇과도 바꾸기 싫을 정도로 귀하다. 식사와 생활이 번잡해졌다고 느낄 때면 한동안 재료의 변화를 최소한으로 줄인 생생한 요리를 먹도록 해 보자. 식물의 생명력을 닮아 몸이, 생활이 금세 제 리듬을 찾게 될 것이다.

단맛이 도는 시금치와 개운한 셀러리의 맛이 조화로운 시금치페스토, 푸른색은 본래 생명의 탄생, 봄의 새싹, 새벽의 여명을 나타내니 이 음식의 계절감은 확실히 봄이다. 만물이 겨울잠에서 일어나는 봄처럼 미각과 영혼을 흔들어 깨우는 음식이다. 시금치가 지닌 땅의 기운은 몸으로는 위와 비장을 보하고 마음으로는 융통성과 조화로움을 더하니 많이 먹을수록 이롭다. 대부분 채소는 많이 먹어서 탈이 날 일이 없다. 흔하게 나는 것은 많이 먹고, 구하기 힘든 것은 적게 먹으면 된다는 단순한 진리만 기억하면 탈 날 일은 없다.

학생들에게 농담 삼아 "시금치 페스토를 한 번도 안 먹은 사람은 있어도 한 번만 먹은 사람은 없을 겁니다."라고 말하기도 한다. 그만큼 갓 만든 페스토는 신선한 향기가 일품이고 감칠맛이 제대로다. 초록색 소스를 처음 보고는 "슈렉 같다!"라고 질겁하던 어린아이들도 곧 그 맛에 길들곤 하는 마법의 소스다. 하는 김에 많이 만들어 냉장고에 보관하면 사나흘 정도는 맛있게 먹을 수 있다. 취향에 따라 두유마요네즈, 깻잎, 청양고추, 파슬리, 바질, 케이퍼 등을 첨가해 나만의 페스토를 개발해도 재미있겠다. 시금치는 어떤 재료와 섞던지 그 어울림이 좋은 식재료니, 실패할 일은 없을 성싶다.

시금치 페스토를 통밀빵이나 보리빵, 바게트 등에 발라서 과일을 곁들이면 영양 가득한 아침 식사나 오후 간식이 된다. 삶은 스파게티 면에 넣고 버무리면 그린 파스타, 밥에 비벼 먹으면 그린 라이스다. 도시락으로 쌀 때는 밀폐용기에 담아간 페스토를 먹기 직전에 빵에 발라먹어야 맛이 좋다. 미리 발라놓으면 축축해져서 먹기 힘들고 시금치의 좋은 향도 날아가 버린다.

이 페스토를 비트와 마, 딸기를 층층이 쌓은 삼색카나페에 뿌려내면 최고의 컬러푸드 요리가 완성되기도 한다. 초록색, 아이보리색, 약간씩 다른 채도의 두 종류의 붉은색이 새하얀 접시 위에서 어우러진 모양이 아름다워 먹기도 전에 눈이 호사를 누린다. 아이에게 음양오행에 대해 자연스럽게 알게 하기에도 좋은 요리다. "이 색은 심장에 좋을까, 위에 좋을까?" 묻고 답하며 먹으면 퀴즈 맞히기를 좋아하는 아이들이 아주 잘 먹을 것이다.

삼색카나페 & 시금치페스토

자색고구마(또는 비트, 작은 것)
… 1개
마(중간 크기) … 1/2개
딸기 … 4개
소금·식초 … 약간씩

시금치페스토
시금치 … 100g
셀러리 … 30g
볶은 견과류(땅콩, 아몬드, 캐슈
너트) … 60g
해바라기씨유 … 60mL
채소국물 … 1/3컵
마늘 … 2톨
청양고추 … 1개
레몬즙 … 1큰술
두유마요네즈 … 2큰술
소금 … 1작은술
후춧가루·버섯시즈닝 … 약간씩

❶ 자색고구마와 마는 껍질을 벗긴 뒤 한입 크기로 썰어 소금과 식초를 탄 물에 잠깐 담갔다가 꺼내 물기를 뺀다.

❷ 견과류는 기름을 두르지 않은 팬에서 노릇하게 볶는다.

❸ 분쇄기에 분량의 시금치페스토 재료를 넣고 부드러워질 때까지 간다.

❹ 접시에 자색고구마, 마, 딸기 순으로 쌓아 보기 좋게 담은 뒤 ❸의 시금치페스토를 뿌려낸다.

• 마 대신 새송이버섯을 구워 대체해도 맛있다.
• 버섯시즈닝은 인터넷 채식재료 쇼핑몰에서 살 수 있으며 채식식당에서도 구매할 수 있다.
*두유마요네즈 만들기 187쪽 참조.

제사상도 채식으로 차린다고?

조랭이잡채

싱싱한 꽃은 포장이 필요 없다. 휘황찬란한 포장지는 꽃의 미소를 도리어 가려 버리니까. 아이를 사랑하는 마음이 넘쳐, 그 마음을 오롯이 표현하고 싶을 때 미사여구를 고민하지 않듯이. 사랑해요, 네 글자면 아이는 저도요, 세 글자로 사랑의 메아리를 돌려준다. 일곱 글자면 충분하다. 공명의 멜로디를 부르는 것이다. 부가적인 것이 커지면 본질이 가려진다고 말하고 싶어 꽃과 사랑 이야기로 에둘러 말을 꺼내 보았다.

차례와 제사도 그렇다. 음식과 그에 따른 고생이 너무 많다. 설과 추석마다 음식 수를 줄이느니 마느니, 너는 왜 일을 덜 하냐, 왜 이리 늦게 왔냐 등등 센 말이 오가며 다투는 집도 많이 봤다. 너무 많이 장만하는 음식이 우리가 명절에 꼭 해야만 하는 일을 잊어버리게 만드는 아이러니다. 너무 많이 일해 피로하고 너무 많이 먹어 피로하다. 모든 게 넘친다. 그러니 나를 이 세상에 있게 한 조상에 대해 진정으로 고마움을 가질 사람이 얼마나 될까.

설과 추석은 나의 조상을 거슬러 올라가 이 세상의 모든 생명을 만든 신에게까지 감사하는 시간이어야 한다. 그게 애초에 명절이 생긴 이유였을 테니까. 또한 바쁜 일상에서 벗어나 한 해를 돌아본 뒤, 새로운 나로 태어나려고 마음먹을 귀한 기회가 명절이다. 이날 먹는 음식도 그 안에서 우주를 발견할 수 있으면 더욱 좋겠다.

한가위를 하나의 색으로 고르자면 그 색은 흰색이 될 것이다. 가을에 거둔 햅쌀로 빚은 하얀 떡, 희고 둥근달, 그리고 우리 마음속 흰빛의 에너지 세 가지가 한가위 안에 있다. 흰 달을 바라보며 그달을 꼭 닮은 흰떡을 만들어 상에 놓는 것은 우리의 마음도 깨끗한 흰 빛으로 새로워지기를 바라는 마음의 표현이다. 본래 흰 빛에서 온 사람의 생명이 다시 그 빛으로 돌아감을 비유하는 것이기도 하다. 처음과 끝이 같다.

신과 조상에게 감사를 표하는 자리에 죽은 동물고기를 올리는 것은 우주의 법칙에 어긋나는 행동이 아닐까? 조심스레 의문을 던져본다. 감사하는 마음만 있다면 사실 맑은 물 한 대접으로도 충분하지 않을까? 또 온 가족이 모인 날, 즐거운 성찬을 즐기기 위해 상을 차린다면 과일과 곡류, 채소가 어울릴 것 같다. 맑은 빛과 순수한 물로 이뤄진 것들뿐이고 괴롭게 죽어간 것은 올리지 않으니 자연의 섭리를 거스르지 않는다. 사실, 모든 제사와 차례는 신과 조상뿐 아니라 살아있는 모든 생명을 더불어 축복하는 것이기도 하니까. 이 축복의 자리에서 다른 생명을 빼앗는 일은 분명 어울리지 않는다.

자연의 섭리에 맞는 제사·차례 음식은 어떤 것일까? 달을 닮아 동그랗고 흰떡을 볶아 만든 조랭이잡채가 마땅할 듯하다. 잡채는 본래 색색의 채소를 고루 넣어 만드니 자동으로 음양오행의 기운이 채워지게 된다. 어른이나 아이 할 것 없이 먹기 좋은 맛이니 온 가족이 모여 화목하게 먹을 수 있고 모양과 색이 화려하고 예뻐 명절날 분위기에도 잘 어울린다.

오는 명절에는 그동안의 낡은 예법은 접어두고 조랭이잡채처럼 풍성한 주요리 하나에 여러 종류의 전 대신 두부나 버섯을 부친 다음, 과일 두어 종류와 나물, 술 한 병 놓아 평소의 단정한 상을 차려보는 건 어떨까. 진정 명절이라면 순수로 돌아가려는 마음과 감사의 기도 외에 무엇이 중할까 싶다. 요즘은 평소에도 잘 먹고 사는데 굳이 명절이라고 기름진 것들을 실컷 먹으려 들것은 없다.

"붉은 것은 동쪽이 맞네, 아니네, 과일은 홀수네 짝수네, 왜 여자만 일하고 남자는 노느냐." 등으로 갑론을박할 필요도 없다. 그러다 어리석게 가족 간의 해묵은 감정이 북받쳐 올라 과거의 잘못을 들먹이며 대판 싸움 나지 말고 평소 저녁상 차리듯 소박한 차례상 뚝딱 차리고 정담이나 나누자. 여유로운 마음으로 돌아가신 어르신들을 기리고 서로의 복을 빌어주자. 다음 명절을 설레며 기다리게 되는 기적이 일어날지도 모른다.

채식 차례상 차리기

❶ 탕국이나 떡국 국물은 마른 표고 말린 것, 새송이, 다시마, 무, 양파 등으로 국물을 내어 끓인다. 무를 크게 썰어 넣으면 맛이 좋다.

❷ 전은 단호박, 애호박, 표고, 피망 중 원하는 것으로 밀가루나 찹쌀가루 옷을 입혀 부친다.

❸ 고기 꼬치 산적 대신 가래떡 썬 것이나 콩햄, 버섯, 당근 등을 꼬치에 꿰어 부친다.

❹ 두부를 마파두부처럼 채소와 함께 볶아 올려도 좋다.

조랭이잡채

불린 당면 … 150g
조랭이떡 … 80g
불린 건표고버섯 … 3개
노랑 파프리카·빨강 파프리카·오
이 … 1/2개씩
불린 목이버섯 … 6개
팽이버섯 … 1봉지
당근·배 … 조금씩

양념장
간장 … 5큰술
유기농 원당 … 4큰술
매실효소·참기름·통깨
… 2큰술씩
후춧가루·다진 마늘·생강즙 …
1작은술씩

❶ 당면은 미지근한 물에 불려 두었다가 7cm 정도 길이로 자르고, 불린 건표고버섯과 당근, 파프리카는 곱게 채 썰고, 오이는 돌려깎기 해서 곱게 채를 썬다.

❷ 불린 목이버섯은 한입 크기로 손질히고 팽이버섯은 밑동을 제거하고 가닥을 떼 놓는다.

❸ 불린 당면과 조랭이떡은 끓는 물에 삶아낸 뒤 물기를 제거하고, 기름을 두른 팬에서 볶다가 분량의 재료를 섞어 만든 양념장을 부어 간을 맞춘다.

❹ 냄비에 기름을 두르고 오이채, 당근채, 파프리카채 순으로 볶아내는데 모두 소금·후춧가루로 간을 맞춘다.

❺ 불린 표고버섯과 목이버섯은 간장양념장으로 볶아낸다.

❻ ❸의 볶은 당면과 떡, 채소, 버섯을 섞고 후춧가루, 참기름, 통깨를 넣어 버무려 접시에 담은 뒤 채 썬 배를 올려 낸다.

맛있는 잡채 만들기

• 당면을 퍼지지 않게 하려면 삶은 후에 물기를 빼고 기름에 살짝 볶는다.

• 채소를 볶을 때는 색깔이 옅은 것부터 순서대로 볶는다. 또, 소금양념을 하는 재료를 먼저 볶고 간장양념을 하는 재료를 나중에 볶으면 하나의 팬에서 모두 볶을 수 있다.

• 볶은 채소는 볶은 후에 넓은 접시에 펼쳐 놓아야 물기가 생기지 않고 변색을 방지할 수 있다.

• 마른 산나물들을 잡채에 넣어도 별미이다.

채식인이여, 자주 파티하자

볶음밥부리토 | 두부아이스크림 얹은 와플

여러 사람을 초대해 즐겁게 지내고 싶은데 음식 솜씨가 없어서 고심하는 이들에게, 근사하고 맛있고 무엇보다 쉬워서 재료만 있으면 간단하게 만들 수 있는 요리를 소개할까 한다. 찬밥과 냉장고 속 남은 채소들을 꺼내고 토르티야만 준비하면 되는 볶음밥부리토는 색과 모양이 예쁘고 싸 먹는 재미가 있어서 모임 자리에 내면 단숨에 분위기가 화기애애해지는 마술 같은 요리다. 여기에 그럴듯한 파티 분위기를 내려면 미리 꽃 한 다발을 사다가 병이나 컵에 꽂아 두거나, 향초를 켜 두어도 좋겠다. 그리 비싸지 않은 테이블보나 한지 등을 사다가 깔면 늘 대하던 식탁도 새롭게 느껴진다. 무엇보다 준비하는 동안 파티에 대한 기대로 설레서 좋다.

볶음밥부리토는 채소를 잘게 썰어서 밥에 섞어 볶는 음식이기 때문에 최대한 채소를 여러 가지 준비하면 색이 예쁘다. 감자와 양파, 옥수수, 완두콩이 기본이지만 버섯, 파프리카, 양배추, 콩햄, 두부, 김치까지 몽땅 넣어도 괜찮다. 잘게 다져서 한데 볶으니 각각의 맛이 느껴지기보다 조화로운 하나의 맛으로 느껴지기 때문이다. 특정 채소를 싫어하는 아이들도 잘게 다지면 골라내지 않고 맛있게 먹는다. 냉장고 청소를 하고 싶을 때도 볶음밥부리토는 단골 요리다. 베란다나 텃밭에 채소를 기르는 집이라면 한 번씩 모두 거둬다가 이 요리를 해 먹어도 좋겠다.

만들기는 어렵지 않다. 우선 양파를 갈색이 될 때까지 오래 볶는다. 팔이 좀 아파도 열심히 섞으며 볶아야 타지 않는다. 갈색이 나도록 볶은 양파는 향기롭고 달아서 그냥 밥에 얹어 먹어도 맛있다. 볶은 양파에 다진 감자를 더해 볶다가 감자가 익었다 싶으면 밥과 콩불고기, 옥수수알, 완두콩을 넣고 볶다가 간을 하면 속재료 준비는 다 된 것이다. 이때쯤이면 아이가 고소한 냄새를 맡고 쪼르르 달려와 두어 주걱 받아먹기도 한다. 이 채소볶음밥에 모둠피클을 얹어 먹으면 점심 한 끼로 든든하다.

토르티야를 준비할 때는 파티에 초대한 사람들을 떠올려 한 사람이 몇 장을 먹을지 세어보면 된다. 속재료야 모자라면 냉장고 속 채소를 더 꺼내어 밥 없이 볶기만 해도 맛이 좋지만 토르티야가 부족하면 영 아쉽기 때문이다. 이렇게 요리 과정 중에 그 요리를 먹을 사람을 떠올리는 상황이 참 좋다. 누구는 요즘 다이어트를 한다니 두어 장 싸 먹고 샐러드를

볶음밥부리토

토르티야 … 4장
밥 … 1공기
올리브유 … 3큰술
다진 감자 … 1/2개
다진 양파 … 3큰술
다진 콩불고기 … 120g
유기농 옥수수알·데친 완두콩
… 40g
다진 할라페뇨 … 1큰술
양상추잎·고수잎 … 조금씩
간장 … 1큰술
소금·후춧가루 … 약간씩

│ 소스
핫소스·두유마요네즈 … 조금씩

❶ 팬에 기름을 두르고 다진 양파를 넣어 갈색이 날 때까지 볶다가 다진 감자를 넣어 함께 볶는다.

❷ ❶에 밥과 다진 콩불고기, 옥수수알, 데친 완두콩을 넣고 볶다가 간장과 소금으로 간을 맞추고 후춧가루를 살짝 뿌린다.

❸ 토르티야는 기름을 두르지 않는 팬에 살짝 굽고, 양상추는 채를 썰고 할라페뇨는 잘게 다져 준비한다.

❹ ❸의 구운 토르티야를 펼치고 양상추 채를 깐 뒤 볶음밥을 적당량 올리고 핫소스와 마요네즈소스를 곁들인다.

부리토의 응용

부리토의 속은 여러 가지로 응용 가능한데 버섯류, 파프리카, 양배추, 콩햄, 두부, 가지, 김치 등을 활용할 수 있다. 담백한 맛을 원하면 소금으로만 간을 맞춘다. 그리고 과일과 생채소를 채 썰어 마요네즈소스를 뿌려 속을 채워도 싱큼한 맛이 일품이다.

*두유마요네즈 만들기 187쪽 참조.

먹겠지, 누구는 볶음밥 킬러니까 몇 번 더 떠먹겠지 하며 사람들의 얼굴과 입맛, 현재 상황을 상상하면 이미 그들을 만난 것 같다.

이 요리의 맛은 토르티야를 살짝 굽는 데에 달렸다. 기름을 두르지 않고 살짝 구워낸 따끈한 토르티야를 펴서 볶음밥을 담고 양상추 채와 할라페뇨를 곁들이면 된다. 접시 위에 하양, 초록, 노랑, 빨강, 검정(갈색)이 모두 담겨 있어 풍성하다. 이런 쌈 요리는 혼자 먹기보다 여러 사람과 함께 어울려 먹을 때 한결 즐겁고 맛이 좋다. 손에 들고 쌈을 싸면서 어색한 사이에 할 말도 생겨나고 입을 한껏 벌려 먹어야 하니 그 모습이 우스워 진지하고 심각해지려야 도무지 그럴 수가 없다. 그러니 다 함께 아이가 되는 음식이 바로 쌈! 볶음밥을 따로 담아 먹지 않고 쌈에 싸 먹으니 그릇에 기름이 묻지 않아 설거지도 간단하다. 환경 보호에도 도움이 되는 게 바로 쌈이다.

열량 과잉이 되는 것을 우려를 해 평소엔 후식을 피하는 사람이라도 여럿이 모인 즐거운 자리라면 좀 예외적으로 되어도 좋겠다. 후식으로는 달콤하고 부드러운 것이 제격. 그럴 땐 두부아이스크림을 얹은 와플을 추천한다. 통밀가루에 소이밀크를 넣고 반죽해 구운 따끈한 와플 위에 두부아이스크림을 올린 것이다. 동물성 재료를 일절 사용하지 않고 두부와 두유, 채식 생크림으로 만든 이 아이스크림은 지나치게 달거나 느끼하지 않아 맛있다.

채식을 하다 보면 홀로 밥 먹을 일이 많다고들 한다. 물론 이런저런 질문에 답하는 것이 번거로워 혼자 조용히 먹고 싶을 때도 있을 것이다. 사정상 도시락을 싸서 다녀야 할 때도 있다. 하지만 그럴수록 다른 사람들과 함께 밥 먹을 모임을 많이 만들어내기를 권유한다. 집으로 사람들을 초대해 정성껏 밥상을 차려주면 "채식도 맛있는 게 많네."하고 놀랄 것이다. 채소를 함께 먹으며 그 안의 에너지에 관해 이야기 나누다가 채식에 관심을 가지게 되는 친구가 생기는 행운을 빌어보면 어떨까? 채식 파티는 "채식하는 사람은 인심도 좋고, 요리도 잘하고, 즐겁게 살아간다."라는 이미지를 심어줄 좋은 기회다.

채식 파티 상차림의 예

애피타이저: 무말이타코 / 라이스페이퍼롤 / 두부소 넣은 파프리카만두

주요리: 볶음밥부리토 / 버섯스테이크 / 비건피자

디저트: 초코무스 / 두부티라미수 / 다크초콜릿무스 / 피스타치오샌드

음료: 핑크레이디 / 망고바나나라씨 / 복분자칵테일 / 멜론쿨러

*각 음식의 맛과 에너지를 고려해 1가지씩 골라 배합하면 된다.

두부아이스크림 얹은 와플

두부아이스크림
단단한 두부·두유·비건생크림(코코넛크림으로 대용) … 300g씩
유기농 원당 … 150g
볶은 캐슈너트 … 60g
완숙 바나나 … 1개
블루베리·산딸기 … 조금씩

와플
통밀가루 … 180g
소이밀크 … 250g
오일 … 15g
베이킹파우더 … 4g
설탕 … 2큰술
소금 … 1/8작은술

❶ 두부는 뜨거운 물에 살짝 데친 뒤 찬물에 넣어 식힌 다음 체에 밭쳐 물기를 뺀다.

❷ 믹서에 ❶의 두부와 바나나, 원당, 캐슈너트, 두유, 생크림을 함께 넣고 부드럽게 간다.

❸ ❷를 용기에 담아 냉동실에 4~5시간 얼린 후 꺼내어 포크로 표면부터 바닥까지 긁어 부드럽게 만든 후 다시 냉동했다 1시간 뒤 꺼내어 포크로 긁어 부드럽게 한 후 냉동한다. 그로부터 30분 후 아이스크림이 완성된다.

❹ 분량의 와플 반죽 재료를 고루 섞은 후 와플 팬에 부어 5~10분 정도 굽는다.

❺ 접시에 ❹의 구운 와플을 담고 ❸의 아이스크림을 스쿠프로 동그랗게 퍼 올린 뒤 블루베리와 산딸기 등 과일로 장식해 낸다.

와플을 부드럽게 구우려면 5분, 바싹하게 구우려면 8~10분 정도 굽는 것이 적당하다. 토핑은 제철 과일을 다양하게 응용하고, 팥앙금을 곁들여 먹어도 맛있다.

'콩만도 못한 놈'의 행복

낫토카나페

높은 성도 돌멩이 하나에서 시작되듯이, 그 어떤 삶의 변화도 오늘의 한 끼를 제대로 먹는 일에서 비롯된다. 채소와 곡식의 생생한 기운을 모두 느끼기 위해, 만든 사람의 따뜻한 영혼을 받아들이기 위해, 나를 소중한 존재로 높이기 위해 낫토카나페 하나 앞에서 나는 최선을 다해 경건해진다. 접시에 놓인 음식과 내 입까지의 거리는 고작 다섯 뼘이 될까 말까. 그러나 그 거리가 서서히 좁혀지는 동안 마음은 차례로 다르게 변한다. 먹는 순서는 다음과 같다.

먼 길 굽이굽이 돌아 찾아온 벗을 반겨 맞이하듯 접시를 받아든다. 귀한 곳, 험한 곳, 여러 곳을 거쳐 왔을 벗의 차림을 살피고 미소는 예전과 같은지 바라보고 품에 안아도 보듯이, 음식도 그렇게 만난다. 오감을 열어 대한다. 낫토향을 맡고 배추 색을 보고 배춧잎 위에 콩 예닐곱 알이 동그마니 앉아있는 모양도 본다. 그러는 동안 차차 마음이 섬세하고 정갈해진다.

내 마음이 번잡스럽지 않고 평화로울 때 벗을 만나야 최선을 다해 환대할 수 있듯이, 음식도 마찬가지다. 몸과 마음이 편안한 상태라야지 그 맛과 효능을 온전히 섭취할 수 있다. 평소에 무척 좋아하던 음식이 눈앞에 놓였다 해도 불쾌한 사람과 동석해 먹거나 걱정에 휩싸여 먹는다면 결국 체하고 마는 일이 종종 있지 않은가. 음식은 마음이 먹는 까닭이다. 사람은 기계가 아니라서 그 마음이 어두울 때는 맛을 느끼는 유전자와 소화를 하는 유전자가 제대로 가동해 주질 않는다. 그래서 음식을 입으로 가져가기 전에 먼저 감사의 기도를 올리곤 한다. 자신이 믿고 있는 신에게 바치는 기도라도 좋고, 종교가 없다면 그저 "고맙습니다. 맛있게 먹겠습니다." 정도의 짤막한 말이라도 족하다. 이 기도는 이 채소와 과일을 만들어 준 땅과 하늘, 여름 내내 돌본 농부의 사랑, 음식이 내 밥상 위에 오르기까지 수고해 준 많은 사람, 음식을 만든 사람의 좋은 파동 에너지에 감사하는 것이다. 그들의 좋은 파동을 고스란히 받아들이기 위해 마음을 맑게 변화시키는 것이 바로 기도다. 아무리 좋은 말도 듣는 귀가 어두운 사람에게는 소용이 없듯이, 음식도 그러하다.

카나페 하나를 집어 입으로 가져간다. 부드럽게 씹히는 낫토와 아삭한 배추의 조화가 근사하다. 재료들이 각각의 향과 맛을 살리고 있으면서도 티 내지 않고 어우러져 내는 맛이다. 자극적이거나 화려하지 않고 자연스럽고 깊은 맛에 마음이 따뜻해진다.

"아, 정말 맛있다."

소리 내 말해도 본다. 함께 먹는 사람들도 고개를 끄덕인다.

"진짜 음식이 이런 거군요."

기분 좋은 동조에 음식 맛이 더 기특하게 느껴진다. 좋은 사람들의 미소와 칭찬에 음식이 더욱 좋은 에너지를 뿜는 것도 같다. 못생긴 아이라도 "아이, 예쁘구나." 매일 칭찬해주면 점점 예뻐진다는데, 음식도 그런 것 같다. 맛있다, 맛있다 소리 내며 먹을수록 더 맛있어진다. 음식을 먹으면서 정답고 지혜로운 이야기를 나누면 더욱 좋다. 누군가 서두를 연다.

"저는 콩만도 못한 놈이네요."

다들 의아해하자 그가 웃으며 답한다.

"콩은 제 틀을 깨고 나와 변신하잖아요. 두부도 그렇고요. 청국장도 그렇고요. 낫토도 발효를 거치면서 본래의 생콩과는 전혀 다른 향을 띠고 효능도 달라지잖아요. 콩 한 알도 이렇게 열심히 변화하는데 저는 매일 똑같이 살아가네요."

이제야 알아들은 사람들이 각자의 사정을 떠올리며 한 마디씩 보탠다.

"그러게요. 부부도 그렇지요. 매일 아침 새로 만난 연인을 대하듯 하면 행복하지 않을 수가 없겠어요."

"건강해지고 싶다면서 식생활을 뿌리째 변화시키지 못하고 미적대는 저도 콩보다 못하네요."

자신을 '콩만도 못한 놈'이라고 일컫는데도, 모두가 행복하다. 자조가 아니라 깨달음이기 때문이다. 음식이 전하는 메시지를 순수하게 받아들여 어제보다 나아진 내가 되고자 하는 마음, 그 마음은 언제나 즐겁다. 요리는 만든 사람, 음식, 먹는 사람 사이의 행복한 상호작용이다. 소울푸드란 이 모든 것들이 온전히 살아있는 음식이다.

이런 식으로 먹으면 물도 맛이 있다. 물 한 잔도 더없이 감사하다. 그러니, 내가 가장 함께 식사하기 싫은 사람은 음식을 두고 이러쿵저러쿵하는 사람이다. 유기농이네 아니네, 약을 쳤네 안쳤네, 조리법이 건강하네 아니네, 투덜대는 사람과는 밥맛이 떨어져 먹기가 싫다. 우습다는 생각이 든다. 기름진 것을 덜 먹거나 유기농 채소만 먹는 등의 식사법보다 평화로운 상태와 감사하는 마음을 유지하는 것이 훨씬 중요한데 말이다. 그게 최고의 건강 비법이다. 귀한 산삼도 우울과 불평 속에서 씹으면 흔한 나무뿌리와 다를 게 없고, 우물물 한 그릇도 불로장생약 대하듯 마시면 몸을 보한다. 행복과 건강이 내 마음에 있다.

낫토카나페

낫토 … 4큰술(청국장 대용)
노란 속배추 … 4장
배 … 1/4개
청고추·홍고추 … 2개씩
실파 … 1줄기

양념장
간장 … 4큰술
고춧가루·참기름 … 1큰술씩
후춧가루·볶은 통깨 … 조금씩

❶ 노란 속배추 중에서 한입 크기의 모양을 선별한
후 흐르는 물에 깨끗이 씻어 물기를 제거한다.

❷ 청·홍고추와 껍질을 벗긴 배는 모두 잘게 다지고
실파는 얇게 송송 썬다.

❸ 낫토는 젓가락으로 휘저어 하얀 실이 많이 생기
면 ❷의 준비한 채소와 같이 섞는다.

❹ 분량의 재료를 섞어 양념장을 만든다.

❺ ❶의 속배추를 접시에 놓은 뒤 배춧잎 1장마다
❸의 낫토를 1큰술씩 올리고 양념장을 곁들인다.

달래나 영양부추를 함께 다져 넣어도 좋고, 마늘이나 들기름
도 입맛에 따라 넣어 응용할 수 있다. 양념장의 염도를 낮추려
면 간장과 같은 양의 다시마 우린 물을 넣어준다.

미인은
붉은 과일을 좋이해

복분자칵테일

    텔레비전을 보니 물오른 과일처럼 한껏 어여쁜 배우가 나와 "먹지 마세요. 피부에 양보하세요."라고 말한다. 뭘 양보하라는가 하고 봤더니 과일 성분을 넣었다는 화장품 광고다. 혼자서 "속부터 제대로 예뻐지려면 역시 잘 먹어야지."라고 중얼거린다. 뿌리고 바르면 뭘 하나, 몸속 오장이 건강하지 못하면 안색은 칙칙하고 눈빛은 탁하다. 조명 좋은 곳이나 100m 밖의 미인은 될지 몰라도, 햇살 아래서는 영 자신감 없는 미인일 것이다. 그러니 속의 건강으로부터 비롯돼 자연스럽게 뿜어 나오는 광채를 화학 화장품은 결코 이기지 못한다는 생각이다. 한 모금만으로 갈증이 가시고 기분이 청량해지는 맑은 샘물 같은 아름다움이라고 할까, 색과 향이 요사스럽지만 마실수록 목이 타는 탄산음료와 같은 찰나적 아름다움과는 다른 것이다.

여염집 아낙들이야 모르겠지만, 궁중 여인들은 현대 여성들의 몇 배로 얼굴 가꾸기에 치밀했다. 안타까운 일이지만, 미모가 곧 권력이 되곤 했으니 여인들 사이에서는 각종 비기가 몰래몰래 전해졌다. 그런데 동양의 미인들은 오장의 건강이 아름다움으로 발현된다는 사실을 알아서 밖으로는 붉은 연지와 분꽃의 씨를 갈아서 바르는 분가루, 사향주머니 등을 애용하면서도 안으로는 부지런히 음양오행 미용법을 시행했다. 그 시절, 미(美)를 위한 최선의 비법은 먹는 법을 비롯해 숨 쉬는 법, 잠자는 법, 일상생활 습관까지 하나하나 음양오행에 따라서 생활하는 것이었다.

"눈동자를 돌려 한 번 웃으면 백미(百美)가 생겨나고 육궁(六宮)의 미인 안색이 무색해지다."

백거이의 시 〈장한가〉다. 세기의 미인 양귀비를 찬양한 이 시에서는 그녀가 한번 웃으면 요염함이 넘쳐 열심히 화장한 궁중 미녀들이 무색해졌다고 한다. '경국(나라를 기울게 하다.)'이라고 불렸던 그녀의 미모가 궁금해지는 대목이다. 요즘의 천편일률적인 미인들과 다른 고유의 매력이 있었을 것 같다. 이 양귀비도 음양오행법에 따라 아름다움을 가꿨다. 몸과 마음이 조화로워야 비로서 미모를 얻을 수 있다고 믿었기 때문이다. 오장을 건강하게 하는 다섯 가지 맛(오미: 짜고 달고 시고 쓰고 매운 맛)을 골고루 먹었고 계절에 맞게 몸을 보하는 차를 마셨다. 또한 온천 목욕과 좌훈을 통해 몸의 기운이 잘 돌도록 했다. 누에의 비단실처럼 기이한 음식도 먹었지만, 가장 즐겨 먹었던 것은 역시 갖은 종류의 과일이었다. 양귀비뿐만 아니라 동양 미인들은 모두 석류나 산딸기, 앵두와 같은 붉은 과일을 달고 살았다. 붉은 과일은 입술을 붉고 도톰하게 하고 피부는 부드럽게 하며 성격은 다정하고 유순하게 한다고 믿었기 때문이다. 현대 의학에서 말하는 '에스트로젠'의 기능이다. 그 중 "오십 대 부부가 복분사를 먹고 아들을 낳았다."라고 할 정도로 여성성과 남성성 모두를 보하는 복분자는 단연 으뜸 과일이었다.

복분자칵테일을 처음 마셨던 순간을 잊을 수 없다. 한 모금 머금는데, 동양의 미인들이 금빛 비단 보료에 비스듬히 기대어 이 음료를 마시는 장면이 떠올랐다. 입에 착 달라붙는 특유의 매혹적인 향과 맛에 꿈을 꾸는 기분마저 들었다. 알코올이 섞이지 않았지만, 기분만으로 충분히 취하는 술 아닌 술이다. 맛은 각기 다른 기능을 하는데, 단맛에는 본래 팽팽한 것을 느슨하게 해주는 기능이 있어 몸속 에너지의 흐름이 원활하지 못해 여기저기 쑤시고 결리는 증상도 어느 정도 풀어준다. 더불어 달착지근하고 짙은 향기에 마음의 긴장이 스르르 풀려버린다. 몸과 마음이 하나로 연결돼 있기 때문이다. 옛날 사람들은 질투가 날 때, 날카로워진 감성을 무디게 하려고 달콤한 과자나 음료를 찾기도 했단다. 시기와 질투로 굉장한 스트레스를 받았을 궁중 여인들의 천연 우울증 치료제가 이런 단과일 음료였던 것.

복분자는 기운을 북돋는 보양 과일로도 잘 알려져 있다. 피부와 간, 신장, 정력에 두루두루 좋으니 유기농 원당을 섞어서 효소를 담가 부엌에 늘 두고 쓰기를 권한다. 잘게 다진 과일, 채소와 섞어 샐러드드레싱으로 만들거나 잘 익은 배를 졸일 때 넣어도 좋고, 버섯 스테이크 패티에 소스로 뿌려도 그 향과 맛이 입맛을 돋운다. 보통 정력제라며 술로 담가 많이 먹곤 하던데 알코올 성분이 간에 무리를 주니 득보다 실이 더 크다. 복분자는 양의 기운이 너무 센 사람이 먹으면 부작용이 있으니 자신의 체질에 잘 맞춰 양을 조절해 먹어야 탈이 없다. 무엇이든 과유불급이다.

이유 없이 기분이 가라앉을 때 한 잔 마시면 참 좋은 복분자칵테일. 봄이 되면 아침에 일어날 기운이 안 나고 매사에 의욕이 없어지는 사람들이 마셔도 참 좋다. 저혈압 증상을 보이는 사람들은 봄철에 날씨가 따뜻해지면서 혈관이나 근육이 느슨해질 때 차멀미를 하는 것처럼 울렁거리거나 가슴이 답답한 경우가 많다. 앉았다 일어날 때 피가 잘 돌지 않아 핑 돌아 당황하기도 한다. 이럴 때는 하루에 작은 잔으로 하나씩 복분자칵테일을 마셔도 좋을 것이다. 매해 6월 말에서 7월 초면 복분자가 수확되니 한 자루 사다가 항아리에 담가 놓으면 내년 봄의 일렁거림이 두렵지 않을 것이다.

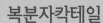

복분자칵테일

복분자효소 … 1컵
탄산수 … 3컵
레몬즙 … 2큰술
복분자·얼음 … 조금씩

❶ 큰 믹싱볼에 복분자효소와 탄산수, 레몬즙을 넣어 섞는다.

❷ ❶을 컵에 담아 얼음을 띄우고 복분자로 장식해낸다.

> 싱싱한 복분자를 믹서에 갈아 주스를 만들어도 좋다. 복분자, 토사자, 구기자, 오미자, 사상자를 '5자'라 하여 남자들의 자양강장제로 많이 쓰인다. 이름에 '子'가 들어가는 한약재는 신장 기능을 활성화하는 작용이 있으므로 자궁이 약한 여자들이나 신허요통 등에도 좋다.
>
> *복분자효소 만들기 141쪽 참조.

　홀로 밥을 먹으면 너무 느려지거나 너무 빨라진다. 그게 무엇이든 속도 조절이 어렵다는 것은 뭔가 잘못돼 있다는 신호일지 모른다. 타인과 함께 먹으면 정신 사납고, 홀로 먹으면 단정해질 것 같은데 실상은 그렇지 않으니 희한하다. 혼자서는 오히려 밥에 집중하지 못하고 텔레비전에 정신을 팔며 대충 때우거나 수저질에 힘도 없어 깨작거리기도 한다. 식사도 연애와 비슷하다. 곁에 누가 없으면 아무것도 못 하고 안절부절못하는 사람은 연애해도 의존성이 강하거나 상대를 옥죄게 된다. 혼자서도 평온하고 행복한 사람이 질 좋은 연애를 할 수 있듯 홀로 먹는 밥도 최선을 다해 맛있게 먹어야 제대로 된 삶이다. 살아보니, 밥이나 사랑이나 사람 사는 원리나 죄다 비슷비슷하다.

시대가 급변하다 보니, 늦게까지 결혼을 하지 않는 사람들도 많고 평생을 비혼주의자로 살아가려 마음먹는 사람들도 늘어났다. 혹여 결혼했더라도 이혼을 하거나 반려자를 일찍 떠나보내는 일도 많다. 이래저래 혼자 사는 인생들이 많다는 건 혼사만의 식사가 늘어났다는 의미다. 그래서 사람들에게 늘 권한다. 혼자 먹을수록 최선을 다해 잘 차려 먹으라고, 동시에 권하는 것은 여러 사람과 함께 즐기는 식사의 횟수를 늘리라는 것이다. 집에 사람을 초대해 식사하면 집을 깨끗하게 관리하게 되는 부가적인 효과도 있다. 혼자 준비하기가 어렵다면 각자 한 가지씩의 요리를 들고 오게 해 포틀럭 파티를 열어도 흥겹다. 요리 강좌를 다녀보는 것도 재미있다. 근사한 요리 몇 가지를 재주로 삼아 요리실력 자랑을 하고 싶어서라도 사람을 늘 가까이 두게 되니 삶이 외롭지 않을 것이다. 잘 챙겨 먹으니 건강해지는 건 물론이고.

"10분이면 먹어 치울 밥 대충 차리자 싶어요."라고 말하는 사람도 많다. 퇴근하면서 근처 식당에서 1인분만 포장해 오거나 라면 등의 인스턴트식품으로 때우는 일도 많이 본다. 이러니 홀로 오래 살면 건강도 망치도 돈도 물 쓰듯 쓴다고들 하는 거다.

건강한 싱글을 꿈꾼다면 집 냉장고를 '채식 뷔페'로 바꿔보자. 우선, 일주일에 한 번 장에 나가 장바구니에 채소를 가득 채워 온다. 일요일 저녁에 하면 새로운 주를 맞이하기 위한 마음 정리도 되니 일거양득이다. 사 온 재료들을 씻고 다듬고 썰고 담아 냉장고에 가득 채워둔 뒤, 점심엔 도시락으로 싸가고 저녁엔 간단히 조리해 먹으면 된다.

이도 저도 다 귀찮은 날에는 채소를 잘라 두유마요네즈에 찍어 먹거나, 죄다 다져서 밥에 넣고 비벼 먹고 볶아 먹고 또는 납작하게 썰어서 발사믹소스 뿌려 채소버섯발사믹볶음으로 먹으면 간단하다. 이 책에서 소개하는 요리들의 장점은 품이 적게 든다는 것이다. 재료만 싱싱하게 보관하면 오이 한 개, 당근 한 개 들고 돌아다니며 먹어도 어엿한 식사다. 직업이 요리사인 나도 바쁠 때면 바구니에 오이, 당근, 사과 등을 담아 두고 하나씩 깨물어 먹으며 일한다. 수저도 접시도 설거지도 필요 없는 깔끔한 한 끼 생채식(실은 이런 식사를 더 사랑한다).

쉽고 간단하되 한 끼에 필요한 영양은 꼭 잡는 또 하나의 한 접시 요리, 채소버섯로스트를 소개한다. 채소버섯로스트는 요리의 경험이 별로 없는 사람이라도 쉽게 만들 수 있다. 모든 채소를 듬성듬성 잘라 올리브유와 소금, 후춧가루를 뿌려 오븐에 넣으면 자동으로 노릇노릇 구워진다. 녹초가 되어 퇴근한 후에도 음식을 주문해 먹거나 라면 등으로 때우지 말고 이 요리를 먹어 보자. 썰어둔 재료에 소스를 섞어 오븐에 넣고 샤워하고 나오면 요리가 완성돼 있다. 집안에 가득 찬 고소한 냄새에 어느새 하루의 피로도 풀려나간다.

구운 채소의 맛은 먹어 본 사람만 안다. 채소의 모든 맛과 향이 진해지고 깊어져서 정말 맛이 좋다. 여기에 담백하게 구운 곡물빵 몇 조각 곁

채소버섯로스트

가지 … 1개
작은 새송이버섯 … 12개
방울토마토 … 10개
단호박 … 50g
애호박·당근 … 1/2개
3색 파프리카 … 1개씩
해바라기씨유·올리브유·소금·후
춧가루 … 약간씩

❶ 모든 채소는 한입 크기로 썰고 방울토마토는 잘
씻어 준비한다.

❷ 믹싱볼에 ❶과 해바라기씨유와 소금 약간 넣고
버무린다.

❸ 오븐팬에 ❷를 모두 담은 뒤 170℃에서 25분가
량 굽는다.

❹ ❸을 접시에 담고 후춧가루와 올리브유를 조금
뿌려낸다.

로스트 재료는 각종 버섯류, 양배추, 비트, 양파, 감자, 고구마,
순무 등 다양하게 응용할 수 있다. 재료를 오븐에 구운 뒤 약간
의 소금과 오일을 곁들이면 한 끼 식사로도 충분하다. 한식 스
타일로 하려면 각종 채소와 버섯들을 찌거나 구운 뒤 참기름
과 들기름, 간장으로 만든 양념장을 만들어 곁들인다.

들여도 좋고, 쌀밥 위에 얹어 채소버섯덮밥으로 먹어도 된다. 여러 가지 소스를 준비해두고 취향에 맞게 뿌려 먹어도 좋다.

채식은 소화, 흡수가 잘 되기 때문에 야근으로 늦은 날 먹고 자도 불쾌하지 않다. 태우면 기름과 검댕이 생기는 고기와 달리 가벼운 재가 남는 채소는 우리 몸에도 부담이 없기 때문이다. 10분이면 되는 간단한 준비 후 토마토와 버섯, 호박을 하나하나 포크로 찍어 먹으며 고유의 맛을 음미하고 나면 혼자만의 시간이 많이 남을 것이다. 설거지할 것도 접시 하나, 포크 하나다. 한식 밥상을 거하게 차려 먹어야 한다는 강박만 버리면 저녁 시간이 풍요로워진다. 소박한 싱글 밥상의 미덕은 혼자만의 시간을 더욱 자유롭게 해준다는 것이다.

복잡한 양념 필요 없이 재료 본연의 맛을 살리는 단순한 조리법으로 몸과 마음을 가볍게 하는 이 요리는 다이어트에도 좋다. 식사나 도시락으로 쓰고 남은 재료들을 깔끔하게 처리하기에도 좋으니, 냉장고도 다이어트 된다. 또 여러 사람이 어울렁더울렁 먹을 수 있는 훈훈한 요리이기도 하다. 여럿이 먹을 때는 꼬치에 채소를 꿰어 양념을 바른 후 불판을 놓고 구워 먹어도 좋고, 야외에서라면 숯불 위에 올려 구워 먹어도 재밌다.

채소버섯 발사믹볶음

새송이버섯·느타리버섯·양송이버 섯·생표고버섯·적양파·가지·수키 니·노랑 파프리카·빨강 파프리카 … 30g씩
로즈메리·마늘편·생강편
… 약간씩
간장 … 1큰술
소금·후춧가루·발사믹크림
… 조금씩

❶ 가지, 주키니, 새송이버섯, 파프리카, 양파는 반 으로 가른 다음 5cm 크기로 썰고 느타리버섯은 손으로 찢어둔다.

❷ 팬에 기름을 두르고 생강편과 마늘편, 로즈메리 를 넣어 볶다가 향이 나면 ❶의 준비한 채소들을 넣어 볶는다.

❸ ❷가 어느 정도 익으면 간장·소금을 넣어 간을 맞추고 후춧가루로 마무리한다.

❹ ❸을 접시에 담고 발사믹크림을 조금 뿌려낸다.

방울토마토, 연근, 목이버섯, 청경채, 단호박 등의 제철 재료들 을 다양하게 응용할 수 있다. 색깔이 고운 재료들은 소금으로 간을 해 볶고, 어두운 색깔의 재료들은 간장과 발사믹크림을 가미해서 볶는다.

채식으로 만나는
글로벌 푸드

몽골호슈르

    내게 몽골은 수만 개의 별이 박힌 새까만 밤하늘로 기억되는 나라다. 관광객들은 입을 모아 몽골 초원에서 바라보는 밤하늘의 특별함을 말한다. 나 또한 기대가 남달랐다. 낮 동안 이곳저곳을 다니며 몽골의 음식, 문화, 종교와 사람을 만나고 홀로 된 밤, 초원에 누워 바라본 몽골의 밤하늘은 고요한 신비 그 자체였다. 세상의 크고 작은 별들이 모두 모인 듯, 손을 뻗으면 닿을 듯 그렇게 생생한 별. 지나치게 아름다운 것을 보면 숨이 턱 막힌다. 그 밤의 하늘도 그러했다. 인간이 가늠할 수 없는 우주의 신비 앞에서 사사로운 말이나 부산스러운 감탄사 따위는 모두 사라지고 맑은 눈물만 한줄기 흘렀다.

    사람이 하늘을 바라보는 이유는 나의 뿌리가 그곳에 있다고 믿기 때문일 것이다. 별을 보는 이유도 그렇다. 내 몸의 한 부분은 저 먼 별에서 온 것이라는, 영원성에 대한 믿음이 인간 세상의 사소한 하루에 좋은 의미를 부여하고 최선을 다해 살게 만든다. 또한 길을 찾고자 함이다. 예로부터 별은 사막이나 바다에서 길을 잃은 순례자들에게 충실한 길 안내자였지 않은가. 지금도 의도치 않게 어그러지는 일들이나 믿던 사람의 배반으로 마음에 물결이 일 때면 눈을 감고 그 밤하늘을 떠올린다. 두 눈만 잠시 감으면 되는 좋은 치유법이다.

끝없이 펼쳐진 대초원과 사막, 뛰노는 말들과 순박한 사람들로 연상되는 몽골은 양고기 요리를 먹는 나라로도 알려졌지만, 나에게 몽골은 '채식을 시작하는 나라'라는 의미가 있다. 몽골은 유목 민족인 탓에 음식은 고기로 만든 붉은 음식이나 가축의 젖으로 만든 음식이 대부분이다. 예전에는 국민 1인당 고기 소비량이 많은 국가에 속했다. 그런 몽골에 채식 바람이 불고 있다. 인도계 불교 명상원의 영향이나 건강상의 이유로 채식주의를 선택하는 사람이 기하급수적으로 늘고 있다. 현재 몽골의 채식 인구는 전체의 1%인 4만 명으로 추산된다. 우리나라보다 높은 비율이다.

때맞춰 몽골 내 채식식당도 늘고 있다. 밤하늘을 보았던 그 여행도 실은 채식요리 전파를 위해서 간 출장이었다. 몽골 요리를 채식요리로 응용하는 건 예상보다 쉬웠다. 호슈르처럼 몽골 사람들이 즐겨 먹는 요리에서 양고기만 빼면 된다. 그 자체로 영양가 높고 맛 좋은 채식요리가 됐다. 호슈르는 중국의 튀김만두나 일본의 고로케, 인도의 사모사와 맛과 모양이 유사한 요리다. 통밀가루에 물과 소금을 넣어 숙성시킨 반죽에 두부와 감자, 양배추, 양파, 당근 다진 것을 넣고 빚어 기름에 튀겨내면 노릇노릇 색도 예쁘고 고소한 향이 좋다.

우리나라에서는 속재료 구하기가 더 쉽다. 설날 만두 빚듯 다진 김치나 숙주, 배추를 넣어도 씹는 맛이 좋고, 콩햄과 버섯을 넣으면 말랑하고 고소해 아이들이 좋아한다. 갓 튀겨 먹으면 바삭한 맛으로, 뚜껑을 덮어 뒀다 먹으면 부드러운 맛으로 먹으니 때에 따라 다른 요리가 된다. 전해 듣기로는, 몽골 채식식당에서도 손님들에게 인기 절정인 요리가 됐다고 한다. 우리나 그들이나 만두를 참 좋아들 한다.

서울의 지하철에서 만두 속처럼 꼭꼭 차 있다가 집에 돌아온 저녁, 몽골의 탁 트인 벌판을 떠올린다. 매캐한 도심의 냄새에 지칠 때면 그 초원의 향기가 그립다. 그곳이 그리울 때면 그곳의 음식을 해 먹어야 직성이 풀리는 게 요리사다. 아련한 감상은 마음의 몫이요, 마음을 달래려 바빠야 하는 건 호슈르 빚는 손의 몫. 갓 튀겨 뜨거운 호슈르를 호호 불어먹으며 우주를 생각하는 밤은 따스하다.

거대한 우주 안에 나라는 작은 우주, 내 몸이라는 우주와 내 마음이라는 각각의 우주. 큰 우주 안에 작은 우주가 들어 있는 게 이 세상이다. 50억의 우주가 공존하며 큰 우주 안에 살아가는 것이 새삼 감사하고 신

몽골호슈르

감자(큰 것) … 3개
양파 … 1개
당근 … 100g
양배추 … 200g
두부 … 50g
후춧가루·버섯시즈닝·소금 … 약
간씩

반죽
통밀가루 … 500g
생수 … 240mL
소금 … 약간

❶ 분량의 재료를 섞어 피 반죽을 만들어 30분가량
숙성시킨다.

❷ 감자, 당근, 양배추는 미리 찐 후 감자는 으깨고,
당근과 양배추, 양파는 잘게 다진 다음에 모아
소금·후춧가루·버섯시즈닝으로 양념해 잘 섞어
소를 만든다.

❸ ❶의 반죽을 밀대로 납작하게 밀어 손바닥 크기
정도로 성형한 후, 한쪽 편에 ❷의 소를 놓고 반
으로 접은 다음 터지지 않게 테두리를 잘 눌러
만두 모양으로 빚는다.

❹ ❸의 완성된 호슈르를 160~170℃ 정도의 기름
에 튀겨내어 접시에 담고 오이피클과 채소샐러
드, 제철 과일 등을 곁들여 낸다.

비롭다. 호슈르 껍질 안의 당근과 양배추와 감자라는 각각의 우주가 잘 숨겨져 있는 것처럼. 그 다양한 파동 에너지가 치우침 없이 서로 조화를 이룬 상태의 호슈르는 정말로 맛이 좋다. 참 시끄러운 가운데에서도, 고요한 질서를 지니며 늘 한결같이 돌아가는 지구에게 "고맙습니다."하고 속삭여 보는 시간이다.

아름다운 음식으로 소식을

어울락썸머롤 | 청포묵웨딩드레스

오늘의 나는 어제의 내가 먹은 음식과 생각이 모여 만들어지는 것이다. 그러므로 내가 지금 먹고 있는 음식의 종류와 양은 정말 중요하다. 매일의 내가 모여 나의 성품이 결정되고, 그 성품이 운명을 이끌기 때문이다. 이와 관련된 유명한 이야기가 있다. 《식(食)이 운명을 좌우한다》라는 저서를 집필하기도 한 일본의 미즈노 남보쿠라는 사람이 있다. 후에 전설적인 인물의 운명학자이자 사상가가 된 그는 젊은 시절 알아주는 술꾼에다 도박꾼이었다. 어린 시절 부모를 잃은 그는 마음의 방향을 잃고 헛돌았고 결국 감옥에 가게 됐다. 감옥에 모인 온갖 가난하고 불행한 죄수들을 보면서 그들의 생김이 다른 이들과 다르다는 점을 발견하게 됐다. 당연히 자기 관상이 궁금해졌다. 미즈노 남보쿠는 감옥에서 나오자마자 저명한 관상가를 찾아가 자기 얼굴을 보였다. 그때 들은 대답은 충격적이었다. "일 년 안에 죽을 관상이군요." 칼을 맞아 죽게 될 관상이라는 말에 그는 화를 면하기 위해 절로 들어가기로 마음먹었다.

살기 위해 출가를 시켜달라 부탁했으나 그의 관상을 본 주지 스님은 한숨만 쉬었다. 복은 없고 곧 죽을 운만 있는 이에게 무슨 출가란 말인가. 고심하던 주지 스님은 그에게 보리와 콩을 조금씩 먹으며 1년을 살면 출가를 시켜주겠노라고 회유해 돌려보냈다. 미즈노는 주지 스님의 말을 들어야 목숨을 건진다는 생각에, 시킨 대로 했다. 기어코 1년을 버티고 난 미즈노는 문득 일전의 그 관상가가 떠올라 단박에 찾아갔다. 그를 본 관상가가 화들짝 놀라 물었다. "당신 도대체 어떤 덕을 쌓았나요? 사람의 목숨이라도 구했나요?" 미즈노가 보리와 콩만 소량씩 먹으며 살았다는 말을 듣자 관상가는 음식을 절제한 것이 목숨을 구했다고 말했다.

결국 미즈노는 절로 향하던 발길을 돌려 본격적으로 운명학을 배우기 위해 전국을 유람했다. 과정은 이랬다. 처음 3년 동안은 이발소에서 얼굴의 모양을 연구했고, 다음의 3년은 목욕탕에서 사람들의 벗은 몸을 관찰했다. 그다음 3년은 화장터에서 일하면서 망자의 골격과 생김을 살펴보았다. 그렇게 9년을 지낸 미즈노는 관상과 체상, 골상에 통달한 최고의 관상가가 됐다. 그는 딱히 이유가 없는데 가정이 불화하고 일이 안 풀리는 사람들의 식사 습관을 뜯어보았다. 과식과 탐식을 일삼고 음식을 함부로 여겨 남기거나 버리는 사람들은 모두 있던 복도 사라지고 명대로 못 살고 일찍 간다는 사실을 알게 됐다. 사람들은 "남보쿠는 사람이

밥 먹는 모습만 보고도 그의 운명을 맞춰 단 한 번도 틀린 적이 없었다."
라고 전한다.

이 전설 같은 이야기는 21세기를 살아가는 우리에게 그때보다 더 큰
울림을 남긴다. 밥 먹는 모습만 봐도 그의 운명을 알 수 있다. 복스럽게
먹는 이는 놓칠 복도 잡게 되지만 복 없이 먹는 이는 있던 복도 차버리게
된다. 과식과 폭식은 음식을 귀하지 않게 대하는 태도라서 몸과 마음에
좋지 않을 뿐 아니라 운명에도 영향을 끼치게 된다. 오염된 음식을 과식,
폭식까지 한다면 운명에 없던 병을 얻거나 사고로 비명횡사하게 되기도
한다. 암과 고혈압을 비롯한 수많은 성인병도 무절제한 식습관에서 오지
않는가. 적게 먹고 바르게 먹으면 건강을 되찾고 떠났던 운도 돌아온다.

그러나 이미 불어난 식욕을 조절하는 일은 대다수 사람의 고민거리에
속한다. 요즘에는 스트레스를 받으면 음식을 마구 먹는 것으로 푸는 사
람이 많다. 그럴 때는 정성이 많이 들어간 아름다운 요리를 먹는 게 큰
도움이 된다. 음식은 혀가 아니라 눈으로도 먹는 것이니, 꽃봉오리처럼
예쁘게 빚은 요리를 먹으면 보는 것만으로도 배가 불러 조금만 먹어도
포만감이 든다.

흰 꽃 같기도 하고 복주머니 같기도 한 어울락썸머롤은 매번 소식을
결심하지만 자주 어기게 되는 사람들에게 대접하고픈 요리다. 찐 감자
를 으깨 콩햄과 섞은 것을 쌀로 만든 피로 감싼 이 요리는 재료의 특성상

몇 개만 먹어도 위를 부드럽게 감싸는 느낌이 든다. 여러 가지 꽃처럼 색이 아름다운 재료들을 빛의 에너지를 지닌 흰 라이스페이퍼로 싼 모양을 보노라면, "네 몸을 법당으로 여겨, 그 법당에 좋은 것만을 바쳐라."라는 말씀을 실천하는 듯해 어느새 기분도 고양된다.

어울락썸머롤

콩햄·시금치 … 100g씩
감자(큰 것) … 1개
커리가루 … 1큰술
두유마요네즈 … 4큰술
소금·후춧가루·스윗칠리소스(시
판제품) … 조금씩
라이스페이퍼 … 20장

❶ 감자는 껍질을 벗겨 찐 후에 으깨고, 시금치는
   데친 후 믹서에 간다. 콩햄도 갈아서 준비한다.

❷ ❶의 으깬 감자와 간 시금치·콩햄에 두유마요네
   즈, 소금, 후춧가루, 커리가루를 넣고 잘 섞어 냉
   장고에 시원하게 보관한다.

❸ 라이스페이퍼를 따뜻한 물에 담가 부드럽게 불
   린 다음 평평한 접시에 놓고 ❷의 소를 올린 후
   잘 오므려 감싼다.

❹ 취향에 따라 스윗칠리소스나 탄두리드레싱(콩
   탄두리 참조, 108쪽)을 곁들인다.

*두유마요네즈 만들기 187쪽 참조.

청포묵웨딩드레스

청포묵 … 1모
노랑·빨강 파프리카 … 1/2개씩
배·오이·사과 … 1/2개씩
데친 생표고버섯 … 2개
구운김·잎채소 … 조금씩
소금·후춧가루·참기름 … 약간씩

① 청포묵은 얇게 썬 뒤 소금, 참기름, 후춧가루로 간을 맞춘다.

② 껍질 벗긴 배, 오이, 생표고버섯, 파프리카는 굵게 채를 썰고 김은 가위로 얇게 자른다.

③ 접시에 잎채소를 깔고 채를 썬 채소와 과일 채를 가지런히 올린 뒤 그 위에 청포묵을 덮고 김으로 장식해 낸다.

씨앗 속에 숨은
거대한 생명 에너지

그린단백질샐러드

　호두는 까먹기 만만한 열매는 아니다. 단 한 알이라도 최선을 다해야 그 안의 고소하고 기름진 속살을 보여주는 게 바로 호두다. 어린 시절 아버지가 호두 한 자루를 구해 오시면 온 가족이 마루로 모여들었다. 누구는 넓게 신문지를 펼치고 누구는 망치를 가져오고 누구는 호두를 손으로 고정하는 등 각자의 임무가 따로 있었다. 행여나 손을 칠까 봐 이맛살을 잔뜩 찌푸리고 집중해서, 단번에 팍! 흡사 나무껍질처럼 딱딱한 껍질이 산산이 부서지면 큰 것은 할아버지, 할머니 드리고 아이들은 튀어 나간 것을 주워 먹기 바빴다.

　호두를 비롯한 견과류는 단단한 껍질을 벗기고 그 안의 알맹이를 먹는다. 우리 내면을 둘러싼 모든 쓸데없는 것들을 깨고 거듭나고자 하는 의미가 담겨 있는 음식이다. 옛사람들은 정월 대보름에 사람의 뇌를 닮은 호두와 좌뇌, 우뇌처럼 양쪽이 똑같이 생긴 땅콩을 깨물며 자신의 고정된 생각과 갇혀 있던 세계를 깨고 새로운 세계로 나가고자 했다. 긴 겨울이 끝나고 봄이 오기 전에 무엇인가를 단호하게 내려치고 사정없이 깨는 동작을 취했다는 사실에서도 그들의 깊은 뜻을 알 것 같다. '무엇인가를 새로 얻기 위해서는 이전의 구태를 버리고, 깨지는 아픔을 감수해야 하는구나.' 아이들은 호두 속살을 훑어 먹으며 어렴풋이 깨달았을 것이다.

마땅히 견뎌야 하는 깨짐의 고통을 외면한 사람은 자라서도 끝내 어른이 되지 못한다. 요즘 아이들은 이러한 깨짐의 미학을 실행해볼 기회를 빼앗긴 채 살아가는 듯해 안타깝다. 모든 것을 부모가 알아서 보살펴주고 공부만 하라고 하니, 몸은 다 자란 아이들이 정신적으로 덜 익은 경우가 많다. 그린단백질샐러드는 이런 아이들에게 해 먹이고 싶은 음식이다. 모든 씨앗 안에는 다음 해 싹을 틔울 에너지가 저장돼 있다. 호두한 알 속에는 한 그루의 호두나무가 콩 한 알 안에는 무수한 콩이 저장되어 있는 것이다. 열매가 흰색인 이유도 그래서다. 흰색은 빛을 상징하니, 열매는 빛을 받아 태어나고 성장할 수많은 생명을 저장한 에너지의 보고다. 아이들에게 먹이기에 이보다 좋은 음식이 있을까. 게다가 콩은 열량소가 되어 우리 몸의 에너지를 활성화하는 재료고 채소는 조절소로서 몸의 에너지 상태를 조절하는 재료니, 활성과 조절이 고루 이뤄지며 균형을 이뤄야 하는 청소년과 어린이에게 권할 만하다.

볶거나 삶은 콩, 호두, 아몬드, 해바라기씨 등은 비만으로 고심하는 요즘 아이들에게도 적합한 간식이 된다. 이것들을 먹으면 고기를 먹고 싶은 욕구가 가라앉는 효과가 있기 때문이다. 소금을 살짝 친 후 볶아서 늘 들고 다니며 식욕이 당길 때나 피곤할 때 먹으면 좋고, 검정콩은 뻥튀기 아저씨에게 가서 튀겨달라고 해도 좋겠다. 집에서 팬에 볶는 것보다 훨씬 맛있게 튀겨진다. 콩은 차로 만들어 마셔도 좋지만 되도록 그대로 씹어먹는 게 영양 흡수가 잘 되고 두뇌 자극에도 좋다. 적당한 저작 활동은 우리 몸에 유용한 자극이 되어준다.

그린단백질샐러드

샐러드용 어린잎채소 … 120g
캐슈너트·호두·아몬드·해바라기
씨·호박씨·강낭콩·완두콩
… 30g씩

비타민드레싱
두유 … 1/2컵
레몬즙 … 2큰술
원당·유자청 … 1큰술씩
녹차가루·보릿가루(또는 브로
콜리가루) … 1작은술
소금 … 1작은술

❶ 모든 견과류와 씨앗류는 마른 팬에서 노릇하게 볶아 준비한다.

❷ 분량의 드레싱 재료를 섞고 거품기로 저어 드레싱을 만든다.

❸ 접시에 어린잎채소를 깔고 ❶의 볶아 두었던 견과류와 씨앗을 올려준다.

❹ ❷의 드레싱을 곁들이거나 뿌려낸다.

사람도 음식따라 꼴값한다

수삼대추말이튀김

젊은 시절, 교도소에 들락거리던 때가 있었다. 이렇게 말하면 다들 놀라지만, 실은 한 스님을 따라 죄수들에게 좋은 음식을 해주러 다녔다. 스님이 덕이 높은 분이라 삶이며 요리며 배울 것도 많았거니와, 온 세상에서 모인 각양각색의 죄수들을 만나고 도우며 자연스럽게 수행이 되는 듯했다. 무엇보다 툭툭 던지시는 스님의 말씀은 모두 외우고 싶을 정도로 감명 깊었다. 하루는 문득 이러신다.

"음식도 꼴값하지? 사람도 음식 따라 꼴값한단다."

흠칫 놀랐지만 이내 그 의미를 알아들었다. 사자와 토끼가 그 생김새의 거칠고 순함에 따라 성격도 그러하듯, 채소도 모양에 따라 성질이 다르다는 것이었다. 그때 스님 손에 들린 것은 연근 뿌리 하나. 연근은 속에 구멍이 여러 개 나 '비어있는' 모양의 채소다. 그 맛도 죽순처럼 비어

있는 맛, 즉 아무 맛도 안 나는 맛이다. 연근의 성질도 그 맛과 모양처럼 순하고 담백해, 이를 먹은 사람도 그렇게 된다는 말씀이었다. 그 순간, 스님이 교도소에 들고 갈 음식에 죽순이나 연근을 자주 사용하셨던 이유를 알게 되었다. 탐욕과 질투와 증오로 터질 듯 꽉 차 있을 그들을 텅 비게 하고 싶으셨던 게다. 그리고 그 빈 곳에 앞으로는 청정한 것만 차곡 차곡 채우기를, 스님은 연근을 깎고 얇게 써는 동안 내내 비셨다.

그러나 사람 일이 어찌 그리 쉬우랴. 몇 번을 가도 마음을 열지 않는 죄수들도 많았다. 살아오며 겪은 소외감과 상처가 컸으리라, 생각하며 돌아와 다음번 음식을 장만할 때는 특별히 그 이들을 떠올리며 기도를 오래, 깊게 했다. 눈빛을 마주치기만 해도 등골이 오싹할 정도로 인상이 좋지 않은 이들은 유독 마음에 남았다. 세상 사람들의 편견에 음습한 인상은 인생살이에 약점이 되었을 것이다. 그리고 세상에 받은 상처가 문신처럼 얼굴에 남아 더욱 어둡고 살벌한 표정으로 새겨졌을 것이다. 흔히 '관상'이라고 해서 "사람이 생긴 대로 산다."라고 한다. 못생기고 잘생기고의 문제가 아니라, 살아온 내력과 품은 마음이 이목구비에 고스란히 나타난다는 뜻이다. 그리고 앞으로도 그 생김대로 살게 되니, 늘 곱게 웃고 눈빛을 순하게 가지며 평화로운 표정을 지으려 노력해야 한다는 의미일 거다.

이십여 년 전 그 시절을 떠올리며 수삼대추말이튀김을 한다. 대추, 수삼을 주재료로 하는 이 음식은 사찰요리라 해도 손색이 없다. 대추를 반으로 갈라 안에 수삼 뿌리를 넣어 돌돌 말고, 얇게 저민 연근에 옷을 입혀 지져낸 수삼대추말이튀김은 그 모양이 아름다워 먹기도 전에 탄성을 자아낸다. 먹을 사람들 사이에 잔잔한 미소가 번지니, 몇 초 만에 그늘 얼굴에 녁이 어린다. "이 예쁜 걸 어떻게 먹겠어요." 젓가락도 조심조심한다. 모양 좋은 음식의 힘이다. 같은 재료라도 마구잡이로 뒤섞은 음식과 아름답게 구성한 음식은 먹는 사람의 태도를 다르게 한다. 먹는 태도가 달라지면 삶의 태도도 달라진다. 수삼대추말이튀김은 여러모로 참덕이 높은 음식이다.

수삼대추말이튀김

대추 … 8개
어린 수삼 … 8뿌리
팽이버섯 … 1봉지
당귀잎·찹쌀가루·소금 … 조금씩

양념장
유자청·배즙 … 2큰술씩
레몬즙 … 1작은술
소금 … 약간

❶ 대추는 돌려 깎아 씨를 제거하고, 수삼은 잘 씻어 물기를 제거한다.

❷ 팽이버섯은 밑동을 자르고 가닥가닥 찢고, 당귀 잎은 적당한 크기로 자른다.

❸ 수삼의 허리쯤에 ❶의 대추를 돌돌 말아 찹쌀가루를 묻힌다.

❹ 찹쌀가루와 생수, 소금을 섞어 튀김반죽을 되직하게 만든다.

❺ ❸의 대추를 만 수삼과 팽이버섯, 당귀잎을 각각 ❹의 반죽에 담가 튀김옷을 입힌 뒤 170℃ 기름에 바싹하게 튀긴다.

❻ 접시에 ❺의 튀김을 보기 좋게 올려 담고 분량의 재료를 섞어 만든 양념장을 곁들여 낸다.

요리의 과정을 통해 얻어지는 여섯 가지 지혜

살아가며 하게 되는 모든 행위에는 우리의 영혼이 성장하려는 의지가 깃들어 있다. 그리고 보면, 어떤 일도 그저 스쳐 지나가는 일이란 없다. 사소한 일 하나하나에 모두 의미가 있다. 다도(茶道)처럼 차 한 잔을 마시는 일에도 도가 있는데, 요리에 도가 없으랴.

요리를 통해 얻을 수 있는 여섯 가지 덕이 있다.

첫째, 음식 먹을 사람의 몸과 마음의 건강을 배려하는 마음과 그를 위해 시간과 노력을 들이는 희생의 자세로 요리하니 자아를 지우는 데 도움이 된다.

둘째, 여러 사람에게 맛있는 음식을 주므로, 전생이 지었던 게으름의 빚을 청산하게 된다.

셋째, 사람의 몸을 보존하게 하는 덕을 쌓게 된다.

넷째, 요리의 일사불란한 과정을 제대로 수행하고 재료의 색과 맛, 향과 조화를 위해 마음을 하나로 모아야 하니, 저절로 번뇌가 사라진다.

다섯째, 요리의 깊은 이치를 깨닫게 되므로 자연스럽게 자연과 인체의 이치 또한 헤아리게 된다.

여섯째, 마음을 맑게 비워야 비로서 진정한 재료의 특성을 발현할 수 있게 되니, 마음을 비우는 덕을 쌓게 된다.

요리는 행위를 통해 참된 나를 알아가는 데에 그 의미가 있다. 이때의 요리는 단순한 조리행위가 아니라, 구도의 한 방법이다.

PART 4

아이 안의
천사와 채식

천사 같은 아이에게 줄
깨끗하고 좋은 음식

단호박매쉬드 | 커리&난

"아빠 이거 봐! 내가 새 요리 개발했어!"

부엌에서 뚜그당거리던 아이가 커다란 쟁반을 들고 조심조심 걸어온다. 커리 향이 그윽한 토스트가 여러 개 담겨 있다. 평소 나는 간식이나 식사로 손수 재료를 배합해 끓인 커리를 즐겨 먹는다. 난을 구워 커리에 찍어 먹기도 하고 밥에 얹어 간단한 식사로 삼기도 하는데, 이것을 본 수민이가 아이디어를 낸 재료다. 난이나 빵을 따로 굽고 커리를 데워 찍어 먹는 따로따로 식이 아니라, 빵과 빵 사이에 커리를 퍼 바르고 팬에 눌러 구워 간단한 커리토스트로 만든 것. 원래 있는 것을 그대로 쓰지 않고 좀 더 새롭게, 좀 더 좋게 개발하는 것이 바로 창의성일 거다. 따로 통에 담지 않아도 되고 흐르지 않으니 수민이가 아빠 나갈 때 자기가 도시락으로 싸 주겠다고 신이 나 의기양양하다. 이쯤 되니 주방장 모자를 아이에게 전달해줘도 되겠다 싶다. 잔뜩 구운 빵을 내게 다 맡겨버리고는 딸아이는 도로 부엌으로 달려간다. 커리토스트 사이에 넣을 과일과 채소를 찾아보겠다는 것이다. 아이라서 그런지 탐구심에 끝이 없구나.

아이가 어릴 때부터 칼과 불을 겁내지 않고 사용하고 요리를 하도록 가르쳐왔다. 이 덕에 요리 과정에 대해 호기심이 많기도 하지만, 본래부터 아이는 여러 가지 맛에 대한 호기심이 많았다. 젖을 떼자마자 시판 이유식 대신 손수 만든 각양각색의 이유식을 먹여 다양한 맛과 질감을 맛보게 해 온 덕이다. 수민이가 태어나자 아내와 나의 마음은 매우 바빠졌다.

우리에게 사뿐히 내려앉은 천사나비 같은 아이에게 세상의 온갖 좋은 것들을 서둘러 먹여보고 싶어서다. 엄마 젖을 먹던 아이가 3개월째 되자 쌀로 곱게 쑨 미음과 콩물을 먹기 시작했다. 예전 어머니들이 했듯이 잡곡밥을 할 때 생긴 밥물을 먹이기도 했다. 이때, 아이가 배가 고파 울면 먼저 모유를 먹인 뒤 이유식을 조금 떠먹이고 다시 모유를 주곤 했다. 강제로 젖을 떼지 않고 자연스럽게 음식과 만나게 하기 위함이었다. 꿀떡꿀떡 잘도 받아먹는 조그만 아이 입이 그렇게 예쁠 수가 없었다. 다 먹고 내는 트림 소리가 가장 아름다운 천상의 멜로디로 들렸다 해도 과장은 아니다. 엄마·아빠라면 다 그렇겠지만, 듣고 또 들어도 귀에 달았다.

미음과 밥물이 익숙해지자 다음엔 현미와 현미찹쌀에 조, 수수, 콩을 섞어 간 오곡가루로 쑨 미음을 먹였다. 5개월이 지나면서는 간기가 있는

찐 단호박 … 1/2개
두유마요네즈 … 2큰술
체리 … 4개
소금 … 1작은술
식물성 생크림 … 약간

❶ 단호박은 껍질을 벗기고 속을 파낸 다음 찜솥에 넣고 15~20분가량 찐 후 절구로 찧어 준비한다.

❷ ❶의 단호박에 소금, 식물성 생크림, 두유마요네즈를 넣고 잘 섞는다.

❸ 컵에 ❷의 단호박매쉬드를 적당량 담고 식물성 생크림을 올린 후 체리로 장식해 낸다.

토핑은 계절이나 취향에 따라 변화를 주고, 고구마, 감자도 같은 방법으로 매쉬드를 만들 수 있다. 단호박매쉬드를 냉장고에 넣어 시원하게 한 후 팥앙금이나 다진 초콜릿을 토핑하면 아이들이 좋아하는 간식이 된다. 채소, 견과류, 건과일 등과 같이 섞어 샌드위치 속으로 활용해도 좋으며 크레프나 라이스페이퍼 속으로도 피의 쫄깃한 식감과 훌륭하게 어울린다.

*두유마요네즈 만들기 187쪽 참조.

음식을 먹여보았다. 오곡죽을 기본으로 두부, 동치미 국물, 익힌 채소 등을 먹어보고 채소국물에 된장을 살짝 풀어 끓여 주기도 했다. 조그만 종지에 죽을 담고 오미(단맛, 짠맛, 쓴맛, 매운맛, 신맛)로 매번 다른 간을 해 보고 아기에게 먹여 본 후, 가장 좋아하는 맛으로 결정해 조리하기도 했다. 아이는 대체로 담담한 재료 자체의 맛을 살린 것을 많이 먹었다.

조금 더 자라자 윗니, 아랫니 합쳐 네 개의 이가 돋아났다. 이렇게 기쁠 수가. 이가 나서 씹어 먹을 수 있게 되니 줄 것이 더욱 늘어나는 것이었다. 이때 찐 단호박이나 당근처럼 부드러운 것부터 시작했는데, 아이의 저작 활동이 서투르기도 하거니와 생애 최초로 씹는 연습을 할 때 부드러운 음식을 서서히 적응시키는 과정에서 차분한 성격과 의지력처럼 좋은 성격이 형성되기 때문이었다. 아이가 특히 좋아하는 채소가 생겨도 한 번에 많이 사두지 않고 조금씩만 사 두었다. 이 시기 아이의 입맛은 성장기에 필요한 영양소에 따라 변화무쌍하기 때문이었다.

이제는 성인이 된 수민이가 어릴 때에도 가장 좋아하는 반찬은 말린 나물을 고소하게 무친 것이다. 특히 시래기와 고사리를 좋아한다. 나물이라면 뭐든 가리지 않고 먹고, 밥에 각종 나물을 비벼 한 그릇 말끔히 비우고 나면 달콤한 디저트에도 눈길을 주지 않는다. 철분과 칼슘이 듬뿍 든 나물을 항상 먹으니 건강보조제 한 알 먹지 않아도, 예방주사를 몇 개 건너뛰어도 잔병 없이 늘 건강하다.

간혹 아이가 어른 입맛을 가졌다며 놀라는 분들도 있다. 어떻게 하면 채소를 좋아하게 만들 수 있느냐며 비법을 묻기도 한다. "채소를 좋아하라고 말하지 않고 다양한 맛을 보여주었다."라고 답할 뿐이다. 아이가 수저를 쥘 수 있게 된 후로는 스스로 채소를 선택하도록 했다. 아기 때 모든 맛을 경험해 본 아이는 자라서도 골고루 먹었다. 당근을 먹으라, 시금치를 먹으라 강요하게 되는 것은 아이가 그 채소들의 고유한 맛과 향, 질감을 모르기 때문이다. 나이가 들면, 어릴 때 좋아하지 않던 나물 반찬이나 장아찌 맛을 깨닫게 된다는 사람들이 많다. 고정된 입맛이란 없다. 그 고유의 좋은 맛을 미처 몰랐을 따름이다.

하얀 도화지와도 같은 아기의 입맛은 다양하게 그릴 수 있기에 이유식이 중요하다. 머리 좋은 아이, 심성 바른 아이를 위한 첫걸음 요리로 단호박매쉬드를 추천한다. 노랗고 둥근 단호박은 그 순한 생김과 색처럼 아이에게도 순하게 작용한다. 찐 단호박을 으깨 두유나 두부로 만든 채식마요네즈를 비비면 매쉬드가 된다. 식물성 생크림을 얹으면 더욱 달콤하다. 여기에 두유 넣고 갈면 단호박스무디가 되고, 이 스무디를 얼려 아이스크림처럼 만들어 여름철 더운 곳에서 실컷 놀고 들어와 피곤할 때 먹이면 비 온 뒤 풀잎처럼 싱싱해진다.

땅의 기운이 그득한 단호박은 오장을 도와 몸을 편안하게 해주고 영양가도 매우 높아 유아뿐 아니라 환자나 노인에게도 좋은 재료다. 굽거나 찐 뒤 꿀이나 조청을 흥건히 바르는 것을 흔히 볼 수 있는데 그 향이 단호박 특유의 풍미와 고급스러운 단맛을 가리게 되니 되도록 그대로 먹는 게 좋다.

커리

감자 … 4개
양파(큰 것) … 1개
닭·이집트콩 … 1컵씩
캐슈너트 … 30개
채소국물 … 8컵
해바라기씨유 … 3큰술
케첩 … 2큰술
가람마살라·강황가루 … 3작은술씩
칠리가루·버섯시즈닝 … 1작은술씩
마늘·생강·소금·후춧가루·원당 …
약간씩
토르티야 … 2장

❶ 닭과 이집트콩은 미리 2시간 정도 불려 두고, 감
   자는 껍질을 벗겨 한입 크기로 썬다.

❷ 양파는 껍질을 벗겨 잘게 다지고, 마늘과 생강도
   잘게 다진다.

❸ 불을 넉넉히 부은 냄비에 ❶의 이십트콩과 닭,
   감자를 넣고 콩과 감자가 익을 때까지 푹 끓인다.

❹ 콩이 익는 동안 팬에 오일을 두르고 ❷를 넣어
   향이 날 때까지 노릇하게 볶는다.

❺ ❸의 냄비에 볶은 양파와 생강을 넣고, 가람마살
   라, 강황가루, 칠리가루, 버섯시즈닝, 소금, 원당,
   케첩을 넣어 농도와 간을 맞추고 소금양을 조절
   해 커리를 완성한다.

❻ 토르티야를 마른 팬에 구워 ❺의 커리와 같이 곁
   들여 낸다.

> 원래는 케첩이 아닌 토마토소스를 넣는데 케첩을 넣어도 맛에
> 는 큰 차이가 없다. 타이식 커리는 코코넛밀크와 레몬그라스
> 를 추가하고, 일본식 커리는 전분으로 농도를 맞춘다.

난

강력분 … 150g
드라이이스트 … 1/2작은술
소금 … 1/2작은술
해바라기씨유(또는 비건버터) …
20g
물(또는 두유) … 80g
(응용 다진 마늘 1작은술, 녹차가
루 … 1작은술)

TIP 마늘즙, 비건버터를 붓으로 발라
구우면 풍미가 좋은 난을 만들 수 있
다. 또, 반죽에 다진 고수잎이나 녹차
가루 등을 넣어도 별미이다.

① 이스트와 물을 섞어 거품이 생길 때까지 저어 잠
시 둔다.

② 밀가루와 소금은 같이 섞어 체에 내린다.

③ 밀가루 중심에 홈을 판 뒤 ①의 이스트 녹인 물
과 해바라기씨유(녹인 버터)를 부은 뒤 섞어 반
죽한다.

④ ③의 반죽을 그릇에 담고 랩을 씌운 뒤 그릇째
따뜻한 물에 담가 두거나 밥솥 위에 얹어 40분
정도 발효시킨다. 반죽이 두 배로 부풀어 오르면
완성이다.

⑤ ④의 발효된 반죽을 밀대로 나뭇잎 모양처럼 밀
어 마른 프라이팬에 굽는다. 구울 때는 팬을 예
열한 후 센 불에서 2~3분 구운 뒤, 뒤집어서 중
불로 1~2분 정도 뚜껑을 닫고 빨리 익혀내야 딱
딱하지 않다.

양질의 단백질을
섭취하는 방법

두부티라미수 | 두부소를 넣은 파프리카만두

어릴 적 흑백사진을 보면 비죽비죽 웃음이 나온다. 지금은 마흔이 넘어 턱이며 배에 두둑두둑 군살마저 붙어가는 형제자매와 친구들이 그때는 어찌나 삐쩍 골았는지. 요즘 말로 다들 '스키니'하다. 돌이켜 보면 예전 아이들은 너나 할 것 없이 작고 말랐었다. 통통한 아이를 보면 "어유, 엄청나게 잘사는 집 아이인가 보네." 수군거릴 정도였으니. 말과 걸음이 또래에 비해 느린 아이들도 무척 흔했다. 그러니 부모들의 근심이란 대개 아이들이 늦된 것이었다.

한데 요즘 부모들은 아이의 자라는 속도가 너무 빨라서 걱정이란다. TV 뉴스를 보니, 성장클리닉을 찾는 환아의 반 정도는 초등학생의 나이에 이미 성인의 몸으로 변해버리는 성조숙증에 걸려있다고 한다. 몇 년

사이에 그 수도 열 배 이상 늘었다. 성조숙증에 걸리면 남자아이들은 비정상적으로 고환이 커지고 체모가 돋아나며, 이 현상을 그대로 두면 충분히 자랄 키도 덜 자라게 된다. 여자아이들의 경우엔 8~9살 정도밖에 안 된 여리고 작은 몸에 가슴만 봉긋하게 솟아오른다. 사춘기도 급하게 찾아와 요즘은 열한 살, 열두 살 정도면 초경을 시작한다. 어머니 세대 때의 평균 초경 나이 15세보다 몇 년이나 빠른 셈이다.

몸이 웃자란 아이들의 마음속이 잔잔할 리 없다. 극도의 불안과 혼란이 가득 차 태풍을 맞은 바다처럼 어지럽게 일렁일 것이다. 아직 기역, 니은, 디귿 하며 글자를 배울 어리디 어린아이가 밖으로 티가 날까 봐 어쩔 수 없이 브래지어를 착용해야 한다면 그 마음의 상처는 얼마나 클지, 마음이 아프다. 제때 맞은 초경도 온 가족이 축하해 주고 놀라지 않게 도닥여주어야 할 정도로 무척 혼란스러운 경험이다. 그러니 아직 채 성장하지 못한 마음에 맞닥뜨린 초경은 경사스러운 일이 아니라 당황과 공포로 자국을 남길지 모른다. 남자아이들도 마찬가지다. 몸만 커다래진 아이들은 폭력적인 성향을 지니게 되는 일이 많다. 제힘을 조절할 줄 모르기 때문에 말과 행동이 삐죽삐죽 엇나가고 또래들을 제압하는 싸움꾼이 되거나 성적인 충동에 과도하게 몰입하기도 한다.

아이들에게 사과해야 할 일이다. 아주 많이 미안해해야 한다. 어른들이 망가뜨린 자연환경, 마구 먹인 우유와 치즈와 고기, 눈과 귀를 유혹하게 만든 탄산음료와 과자 광고들. 그것들이 아이들을 웃자라게 하고

두부티라미수

비건 다이제스티브 … 10개
두부 … 1/2모
중탕한 다크초콜릿 … 5큰술
아몬드가루 … 3큰술
유기농 원당 … 1~2큰술
추출한 원두커피 … 1작은술
식물성 생크림·제철 과일 … 조금씩
코코아가루 … 적당량

❶ 초콜릿은 중탕해서 녹이고, 두부는 물기를 빼고 곱게 으깬다.

❷ ❶의 초콜릿, 으깬 두부를 한데 모아 추출한 원두커피, 아몬드가루, 원당, 생크림을 넣어 잘 섞는다.

❸ 다이제스티브를 방망이로 잘게 부순다.

❹ ❸의 잘게 부순 비스킷을 얇게 펴고 그 위에 ❷를 두껍게 올려 모양을 반듯하게 잡은 후 냉장고에 넣어 3시간 정도 굳힌다.

❺ 시원하게 굳은 두부티라미수를 꺼내어 적당한 크기로 잘라 접시에 담고 생크림을 위에 얹은 뒤, 코코아가루를 뿌리고 오렌지, 딸기, 민트잎 등으로 장식해 낸다.

망가뜨렸다. 요즘 아이들은 매일 간식으로 치즈 한 장씩, 우유 한 잔씩을 마시며 자란다. 성장촉진제를 맞으며 우리 안에서 옴짝달싹하지 못한 채 생을 마감하는 젖소로부터 나온 것들이다. 아이들은 그 소를 닮아 간다. 놀라운 속도로 성장하지만, 아토피, 천식 등 각종 환경병을 달고 산다. 빠르면 중학교 고학년 정도의 남자아이들은 이미 예전의 성인 남자들과 비슷한 정도로 어깨도 넓고 근육마저 발달해 있다. 그러면, 그다음엔? 서둘러 자라버린 젖소들의 최후와 다르지 않다. 일찍 병들고 일찍 노화한다. 사람은 자신이 먹는 것을 닮는 탓이다.

아이러니한 사실은 아이에게 온갖 항생제에 오염된 소와 닭, 돼지고기와 유제품을 먹이는 엄마들이 아기가 배 속에 있을 때는 곱고 예쁜 것들을 찾아 먹었다는 사실이다. 잘생기고 어여쁜 아기를 낳으려고 날마다 근사한 배우 사진을 바라보기도 한다. 사과 한 알을 먹더라도 멍들지 않고 동그랗고 반듯한 것으로 골라 먹는다. 입에 넣은 음식의 성질이 그 사람의 특성을 만들어간다는 사실을 어렴풋이 들었으되, 제대로 알지 못하는 탓이다. 아이를 품에 넣고 있을 때뿐 아니라 세상에 내놓은 후에도 제대로 먹여야 한다. 내 아이가 비대한 소를 닮았으면 하는가, 단단한 콩을 닮았으면 하는가.

섭섭하게 들릴지 모르지만, 이미 몸과 마음의 꼴을 다 갖춘 우리보다 어린아이들 음식이 훨씬 중요하다. 아이들만큼은 올바르고 제대로 된 것을 먹어야 한다. 우리는 이미 올바른 음식을 알고 있다. 대표적으로 콩이다. '밭의 소고기'라 할 정도로 단백질이 풍부한 콩은 단백질 외에도 거의 모든 영양소가 든 완벽한 식품이다. 호두나 검은콩처럼 검은빛을 띤 재료는 뇌를 튼튼히 하고 지혜를 길러주는 음식이다. 또한 콩의 배유의 배이는 생명 에너지가 입축된 부분이라 먹는 만큼 마음이 차분해지고 배우려는 마음이 생겨난다.

두부는 향이 없고 맛은 담백해 어떤 재료와도 잘 조화되며 양념과 모양을 어떻게 만드느냐에 따라 다양한 매력을 보이는 음식이다. 민얼굴이 깨끗하고 체형이 좋아 어떤 옷과 화장을 하느냐에 따라 매번 달라 보이는 팔색조 같은 여자와 비슷하다고나 할까. 두부에 두유와 전분을 섞고 한천으로 굳힌 뒤 코코아가루를 뿌려 만드는 두부티라미수는 특히 어린이들에게 인기 만점의 특별요리다. 생일 케이크용으로 크게 만들어도 좋고, 작게 잘라 디저트로 먹어도 어울린다. 달걀과 우유를 넣어 만드는 티라미수와 달리 많이 먹어도 입 안에 느끼함이 남지 않는다.

상큼한 맛을 좋아하는 아이라면 두부소를 넣은 파프리카만두를 만들어 주면 잘 먹을 것이다. 두부에 부순 캐슈너트와 잘게 다진 파프리카를 섞어 반으로 가른 파프리카에 넣어 만두 속처럼 꼭꼭 채우면 된다. 테이블 위에 놓고 오고 가며 집어 먹도록 해도 좋겠다. 서너 살 정도의 어린아이들도 따라 만들 수 있는 쉬운 요리라 감각 개발 교육 삼아 함께 빚어보기를 권한다. 만들면서 재능이, 먹으면서 몸이 함께 자랄 테니.

두부소를 넣은 파프리카만두

파프리카(작은 것) … 4개
두부 … 1모
백김치 … 200g
양송이버섯 … 5개
청고추·홍고추 … 1개씩
검은깨·땅콩분태·참기름 … 1큰술씩
칠리가루·소금 … 1작은술씩

❶ 두부는 면 보자기에 싸 물기를 꼭 짜낸다.

❷ 백김치, 양송이, 씨를 발라낸 청·홍고추는 잘게 다진다.

❸ 믹싱볼에 ❶의 두부와 ❷의 잘게 다진 채소, 소금, 칠리가루, 검은깨, 땅콩분태, 참기름을 넣고 고루 잘 섞어 소를 만든다.

❹ 파프리카를 반으로 가른 뒤 씨를 발라내고 ❸의 소를 채워 접시에 담고 채소잎으로 장식해 낸다.

286

맑은 아기를
만드는 맑은 음식

단호박브로콜리샐러드 | 단호박&오이샌드위치

　오래 알던 지인이 얼마 전 첫 아이를 가졌다. 이미 서른 중반을 넘긴 나이여서 아이를 갖지 못할까 전전긍긍하던 것을 지켜보았기에 마음을 다해 축복의 인사를 전했다. 그런데 그녀의 표정에는 잉태 소식을 들은 엄마의 설렘 대신 근심이 가득하다. 아이 소식을 들은 순간부터 도무지 먹을 수 있는 음식이 없어 난감하다는 것이다. 일주일에 5일, 일이 바쁘면 주말까지 바쳐 회사에 출퇴근해야 하고, 그러다 보니 하루에 두 끼 정도를 파는 음식으로 때운다고 했다. 아침엔 삼각김밥, 점심에 백반, 저녁은 중국 음식의 반복이었다. 그런데 이제는 재료도 신선하지 않고 화학조미료가 가득한 그 음식들이 꺼려진다는 거였다. 그런데도 임신 후 잠이 늘고 일은 여전히 많아 도시락을 쌀 여유는 없으니 고민이란다. 하소연을 듣고 있자니 오늘이야말로 단호한 조언이 필요한 때다 싶어 입을 열었다.

"바다에 유조선이 침몰하거나 무기 실험 등으로 파열음과 오염이 심하면 물고기들이 떼로 죽는답니다. 물고기가 살아가던 환경이 깨지고 나빠졌기 때문이죠. 그런데 말이지요, 엄마의 뱃속이 바로 바다가 아닌가요? 바닷속 노니는 물고기가 바로 아기고요. 각종 식품 첨가물을 넣은 화학적 음식은 양수와 탯줄을 오염시켜요. 그 속의 아기는 어떻게 될까요?"

충격을 받았는지 잠시 조용하던 그녀는 이내 선언했다.

"일을 완벽히 하려는 욕심을 열 달만 미뤄놓고 아이를 위한 음식을 선택해야겠어요."

채식 도시락을 싸서 다니고 귀가 후 채식 저녁을 준비하는 것은 바쁜 직장인들에게는 수고가 필요한 일이다. 하물며 임신으로 피곤이 더한 여성들에게는 더욱 그러할 것이다. 그러나 생명보다 소중한 일은 세상에 없다. 출산 후 아토피로 고생하는 아이 때문에 온 가족이 매달리게 되는 경우도 많다. 뒤늦게 후회해봐야 시간을 되돌릴 수는 없는 거다. 좋은 나무에서 뛰어난 악기가 만들어지고 좋은 쇠에서 천 리를 울리는 종이 나오지 않는가. 마찬가지로 맑고 강한 아기의 몸과 마음의 뿌리는 열 달 동안 엄마 뱃속에서 형성된다.

아내는 오랫동안 채식을 해왔기에 임신부터 출산까지 별 어려움 없이 지냈고, 초산임에도 순산을 했다. 출산을 도운 조산원 원장은 요즘 엄마들의 양수에서 좋지 않은 냄새가 나는 일이 많은데 아내의 양수는 너무 깨끗하고 냄새도 나지 않아 놀랐다고 말하기도 했다. 맑은 양수에서 노닐며 청정한 채식의 영양을 흡수한 아이와 인스턴드와 육식으로 오염된 아이는 다를 수밖에 없으리라. 순수한 빛과 물로 이뤄진 결합체인 식물을 재료로 사용한 아기의 세포 벽돌은 튼튼하고 강인한 집의 재료가 된다. 뱃속 씨앗일 때부터 건강한 음식을 먹어온 딸아이는 성인이 된 지금까지 늘 건강하고 씩씩하다.

태교 서적을 찾아보다가 지레 겁을 먹은 여성들이 있을지도 몰라 염려된다. 옛 어른들은 태교 음식을 무척 엄중히 여겨 아주 많은 음식을 금지했기 때문이다. 임신 다섯 달째에는 태아의 골격이 생기는 시기이므로 뼈가 없는 오징어나 문어, 낙지를 피하게 했다. 또 계피나 생강, 마늘 등을 많이 먹지 못하게 했는데 이는 모두 '발산'하는 재료이기 때문이었다. 발산이 아니라 응축의 에너지가 필요한 것이 임신이고, 응축하는 만큼 튕겨 오르기에 더욱 튼튼한 아기를 만들기 위함이다. 또한 너무 차가운 것도 금했다. 찬 성질 음식을 많이 먹으면 아기의 음기가 강해질 수 있다고 했다. 이러한 전통적 태교 원리를 모두 외워 실천하면 더할 나위 없겠지만, 번거롭고 까다롭게 느껴진다면 가장 기본적인 원리만 기억해도 괜찮다. 맑은 음식을 먹으면 맑은 아기가 나오고 탁한 음식을 먹으면 탁한 아기가 나온다는 원리, 같은 것은 같은 것을 끌어당기고, 생각이 형태를 만들어가며, 보고 들은 것이 마음의 현상을 만들어낸다. 일체유심조(一體唯心造), 다섯 자를 기억하자.

   채식 식단을 궁리하는 그녀를 위해 단호박과 브로콜리, 호두를 섞은 샐러드를 재빠르게 만들어 내주었다. 마음만 먹으면 어렵지도, 오래 걸리지도 않는다는 것을 보여주기 위함이었다. 쉬는 날 신선한 채소를 사서 다듬을 것은 다듬고 찔 것은 쪄서 몫몫이 밀폐용기에 보관하고 저녁마다 미리 도시락에 담아놓으면 된다. 5분이면 되는 스피드 도시락인데다 아이의 몸을 만들 영양 높은 재료들을 내키는 대로 골라 넣을 수 있고, 신선하고 상큼한 맛과 향기가 입덧도 잠재워주니 샐러드만큼 좋은 태교 음식도 드물구나 싶다.

   찐 단호박을 으깨 다진 오이와 함께 층층이 발라 샌드위치로 만들어도 맛있다. 샐러드는 그릇과 포크를 꺼내어 먹는 수고로움을 감수해야 하지만 샌드위치는 간편하다. 바쁠 때라면, 틈이 날 때마다 작게 자른 샌드위치를 꺼내어 들고 먹으며 일해도 무리가 없다. 한 끼에 많은 영양소를 섭취하려는 과욕을 버리고 시간이 날 때마다, 출출할 때마다 이런 샌드위치류와 호두, 아몬드, 땅콩 등의 견과류를 집어 먹으면 임신 중 부족하기 쉬운 여러 영양소를 고루 섭취할 수 있다. 신선하고 담백한 음식으로 울렁거리는 비위도 잡고 자꾸 축 처지는 기운도 잡아 생기를 되찾기를.

단호박 브로콜리샐러드

단호박 … 1/2개
브로콜리 … 1송이
방울토마토 … 10개
캐슈너트 … 20알
라디치오 … 조금

치즈마요네즈드레싱
두유마요네즈 … 3큰술
비건치즈가루 … 1/2큰술
두유 … 2큰술
후춧가루 … 1작은술

❶ 단호박은 속을 파내고 껍질을 벗긴 뒤 찜통에서 15~20분 찐 후 식으면 한입 크기로 자른다.

❷ 브로콜리는 한입 크기로 자른 뒤 끓는 물에 살짝 데쳐 냉수에 헹군 다음 물기를 제거한다.

❸ 방울토마토는 꼭지를 떼어내고 흐르는 물에 잘 씻은 뒤 물기를 제거한다.

❹ 접시에 라디치오잎을 펼쳐 놓은 뒤 단호박, 브로콜리, 방울토마토, 캐슈너트를 보기 좋게 담고 분량의 재료를 섞어 만든 치즈마요네즈드레싱을 뿌려낸다.

*두유마요네즈 만들기 187쪽 참조.

채식식빵 … 4장
단호박매쉬드 … 1컵
쪄서 으깬 감자 … 1컵
두유마요네즈 … 4큰술
사과·오이·양배추 … 40g씩
당근 … 30g
건포도·볶은 견과류 … 2큰술씩
후춧가루·소금 … 약간씩

❶ 모든 채소와 과일, 건포도와 견과류를 잘게 다
진다.

❷ 잘게 다진 오이와 건포도, 견과류, 으깬 감자 1/2
컵 그리고 두유마요네즈 2큰술, 소금, 후춧가루
를 넣고 잘 섞어 오이매쉬드를 만든다.

❸ 단호박매쉬드와 ❷에서 오이를 뺀 나머지 재료
들을 섞는다.

❹ 식빵 1장에는 오이매쉬드를 발라 다른 식빵으로
포개고, 또 다른 식빵에는 단호박매쉬드를 발라
포갠 다음 삼각 모양으로 잘라 접시에 담아낸다.

❺ 제철 과일을 곁들여 낸다.

*두유마요네즈 만들기 187쪽 참조.

진짜 음식을
찾아 먹을 줄 아는 아이

채식피자 | 애플파이 | 피스타치오페스토샌드위치
| 망고바나나라씨 | 멜론쿨러

    유치원에서 가서 가장 좋아하는 음식이 뭐냐고 질문을 던져보자. 와글와글 시끄러운 가운데, 적어도 세 가지는 또렷하게 들릴 것이다. "피자, 치킨, 햄버거." 귀가 때마다 아파트 문에 부착된 피자와 치킨 세트 전단을 몇 장씩이나 떼야 할 정도로 이 음식들은 어린이 간식으로 폭발적인 인기인 모양이다. 집에서 채식 밥상만 받아보던 수민이도 유치원 입학 후 패스트푸드 몇 가지를 알게 됐다. 하루는 넌지시 이런다. "아빠, 난 피자 먹으면 안 되지요? 그렇죠?"

    수민이는 떼를 쓰는 아이는 아니다. 몸과 마음에 좋은 음식과 해로운 음식을 스스로 구분할 줄도 안다. 아기 때부터 고기와 우유, 달걀을 비롯해 화학물질이 첨가된 제품이나 인스턴트 음식은 거의 먹이지 않았고,

걸을 수 있게 된 후에는 장 볼 때마다 늘 손을 잡고 데리고 다녔다. 가끔은 알록달록 요사스러운 색깔이 희한한지 곰 모양, 지렁이 모양 젤리 앞에서 서성대기는 하지만 내가 이렇게 부르면 조르르 달려온다. "그건 가짜색소로 만든 빨강과 노랑이네. 대신에 진짜 빨강 토마토랑 진짜 노랑 파프리카를 고르면 어떨까?"

그런데 친구의 생일 파티에 갔다 오더니 피자 얘기를 슬며시 꺼내는 것이다. 수민이는 어엿한 꼬마 채식주의자다. 동물을 죽여 얻은 고기나 동물 아가들이 먹을 젖을 빼앗아 먹지 않겠다고 또박또박 일기도 쓴다. 어릴 때부터 채식주의와 관련된 책과 영상, 아빠의 강의를 듣고 자란 덕이다. 그래도 아이 마음에 여럿이 어울려 한 조각씩 들고 먹는 떠들썩한 분위기는 내심 부러웠을 것이다. 시무룩한 티를 내지 않으려고 애써 짓는 미소가 왠지 마음에 걸린다.

"수민아, 우리 피자 파티하자!" 눈이 휘둥그레진 아이에게 통밀가루와 소금, 이스트를 섞은 볼을 들려주고 반죽을 맡으라고 시킨다. 어릴 때부터 내게 무술을 배워 온 아이는 아귀힘도 세서 말랑한 밀가루 반죽에 연신 강펀치를 날려댄다. 아이가 반죽과 노니는 동안 나는 냉장고 문을 열고 유기농 스파게티 소스와 채소를 꺼내온다. 초록 애호박, 빨강 토마토, 노랑 파프리카, 보라 가지, 갈색 고구마, 하양 양파와 버섯. 어느새 신이 난 아이가 깡충거리며 환호한다.

"이거 모두 넣어요?"

채식피자

도우
강력분 … 350g
이스트 … 7g
소금 … 8g
포도씨유 … 20g
온수 … 225mL

토핑
양파·노랑 파프리카 … 1/2개씩
가지·주키니 … 1/4개씩
방울토마토 … 10개
양송이 … 5개
바질잎 … 10장

토마토소스
토마토홀 … 500g
양파 … 1/2개
설탕·해바라기씨유 … 2큰술씩
다진 마늘·토마토페이스트 … 1
큰술씩
허브(타임, 로즈메리, 월계수잎)·
소금·후춧가루 … 조금씩

TIP 비건 모차렐라치즈도 대용 가능

❶ 분량의 재료를 섞어 도우를 8분가량 반죽한 후 냉장고에서 20분 정도 숙성한다.

❷ 팬에 기름을 두르고 잘게 썬 양파와 으깬 마늘을 볶다가, 토마토홀을 넣어 같이 볶은 다음 토마토가 익으면 토마도소스의 다른 재료들을 넣고 15분 정도 끓였다 식힌 뒤에 냉장 보관한다.

❸ 냉장고에 있던 ❶의 도우 반죽을 꺼내어 밀가루를 뿌려가며 밀대로 밀어 둥글게 성형한다.

❹ ❸의 도우 위에 고구마매쉬드, 토핑 재료들, 단호박마요네즈를 순서대로 보기 좋게 놓은 뒤 200℃로 예열한 오븐에서 10분 정도 굽는다. 도우가 얇으면 180℃에서 10~12분 정도 굽는다. 다 구워지면 신선한 허브잎과 후춧가루를 뿌려낸다.

고구마매쉬드
찐 고구마 1개, 두유마요네즈 5큰술, 소금 1작은술을 잘 섞는다.

단호박마요네즈
두유마요네즈 5큰술, 쪄서 으깬 단호박 2큰술, 채식치즈가루 1큰술, 소금 1작은술을 잘 섞는다.

*두유마요네즈 만들기 187쪽 참조.

"그럼! 잠자던 채소들을 깨워서 몽땅 얹어버리자."

팬에 얇게 편 반죽 위에 채 썬 양파를 베이스로 고루 얹고 조각낸 색색의 채소를 원하는 만큼 뿌리게 한다. 달콤한 맛을 더하기 위해 찐 고구마 으깬 것도 가장자리에 둥글게 둘러준다. 어느 정도 꼴이 갖춰졌다 싶지만 역시 쫄깃하게 죽 늘어나는 질감과 꼬릿하고 고소한 풍미가 있어야 피자다. 냉동고 깊은 곳에서 인절미를 꺼내와 군데군데 놓는다. 딱딱하게 굳은 인절미를 팬에 구워 먹으면 온통 입에 달라붙던 겨울밤의 기억이 떠오른 것이다. 거기에 고소 짭짤한 간과 향을 더하려 채식 마요네즈에 청국장 가루를 섞어 고루 뿌린다. 향을 더하기 위해 바질을 찾아보지만 준비된 게 없어 관두려는데, 수민이가 냉장고에서 초록 채소잎을 몇 장 꺼내와 솔솔 뿌린다. "비슷하게 생겼어. 향도 좋고!" 보조요리사님의 깜찍한 아이디어다. 이렇듯, 새로운 레시피는 요리 과정 중에 즉흥적으로 떠오르는 경우가 많다. 요리의 전체적인 조화를 깨뜨리지 않는 재료라면 뭐든 응용할 수 있다. 역시 필요가 창의성을 끌어낸다.

채소들이 넘칠 듯 풍성하게 얹혀 구워진 피자가 완성되면 크게 조각내어 하나씩 들고 인절미를 죽죽 늘여가며 먹는다. 재료들이 제맛과 향을 잃지 않으면서도 입안에서 한데 어우러져 풍부한 맛을 낸다. 자극적이지 않고 깊고 자연스러운 맛이라 출출할 때면 금세 한 판을 다 비울 수 있다. 조금 과식을 했다 싶을 때도 소화가 어려운 치즈와 고기, 화학조미료가 섞이지 않은 피자라서 절대 탈이 나지 않는다.

아직 나이가 어린 아이들은 패스트푸드에 대한 강렬한 욕구가 있다. 이러한 욕구를 억지로 인내하게 해 채식주의를 강요할 수야 없잖은가. "괴로워하며 참는 게 아니라 채소 음식을 신나고 즐겁게 먹는 것, 그게 채식수의다."라는 개념이 체화되도록 하자. 아이들이 좋아하는 스낵과 아이스크림, 피자 등을 대용할 채식요리를 자주 만들어 주면 된다. '초코파이' 대신에 고소한 피스타치오페스토샌드위치를 먹이고, 인공 향이 가미된 '바나나 우유' 대신에 신선하고 달콤한 망고바나나라씨를 먹이는 것이다. 상큼한 초록빛에 눈으로 한번, 색깔만큼 상큼한 맛에 입으로 한번 즐거운 멜론쿨러도 아이들에게 인기 있을 것이다. 가짜 맛과 향이 아니라 진짜 맛과 향을 알게 하는 것은 어린이와 청소년의 맛 교육에서도 중요한 일이다. 어릴 때 진짜 음식을 먹지 못하고 자란 아이는 어른이 되어 입맛 교정을 하는 데 큰 어려움을 겪게 된다.

어떤 요리를 얼마나 정성스럽게 만들어 주는가보다 더 중요하고 잊지 말아야 할 것이 있다. 요리를 먹을 때는 특별히 따뜻하고 행복한 가족적 분위기를 조성할 필요가 있다는 것. 건강 요리에 대해 행복하고 즐거운 기억을 가지고 자란 아이들은 성인이 되어 스스로 음식을 고르는 자유가 생겨도 절대 인공 음식을 찾지 않기 때문이다. 어떠한 고귀한 신념도 즐겁고 자연스러운 실천으로 지켜져야만 한다.

애플파이

사과 … 3개(420g 정도)
설탕 … 60g
레몬주스·계핏가루 … 1/2작은술씩
소금 … 약간
만두피

❶ 사과는 잘게 썬 후 설탕에 버무려 20분쯤 둔다.

❷ 팬에 설탕을 버무려 재운 사과를 올린 후 약불에서 20분가량 사과가 투명해질 때까지 졸이다가, 레몬주스와 계핏가루를 넣어 사과필링을 만든다.

❸ 베이킹틀 안에 만두피를 깔고 사과필링을 넣은 다음 둥글게 모양을 만들고 사과필링소스를 겉에 조금 바른다. 또는 다른 만두피로 뚜껑을 덮고 테두리를 꼭꼭 누른다.

❹ 오븐에 ❸을 넣은 뒤 180℃에서 15~20분 정도 굽는다.

만두피로 만두 모양을 만든 후 기름에 바싹하게 튀겨도 맛있다.

298

피스타치오 페스토샌드위치

비건 다이제스티브 … 1통
피스타치오·프룬 … 60g씩
양파 … 20g
레몬즙·두유마요네즈 … 1큰술씩
소금 … 1작은술
후춧가루 … 조금
식물성 생크림 … 적당량

❶ 피스타치오는 껍질을 벗긴 뒤 물에 넣어 1시간 정도 불린다.

❷ 블렌더에 양파, 피스타치오, 프룬, 소금, 레몬즙, 두유마요네즈를 넣고 부드러워질 때까지 간다.

❸ 다이제스티브 한쪽에 식물성 생크림을 바르고 다른 면에는 ❷의 피스타치오페스토를 발라 겹친다.

❹ 접시에 피스타치오페스토샌드위치를 담고 제철 과일, 샐러드 등과 같이 낸다.

피스타치오페스토샌드위치의 응용

• 올리브나 케이퍼, 오이피클 등을 곁들여 먹거나, 페스토를 만들 때 직접 넣어도 좋다.

• 핑거푸드로 활용하면 채식파티에 안성맞춤이다.

*두유마요네즈 만들기 187쪽 참조.

망고바나나라씨

망고·바나나 … 1개씩
두유 … 350mL
얼음 … 조금

❶ 망고는 껍질을 벗겨 과육만 발라내고, 바나나는 껍질을 벗긴 후 잘게 썬다.

❷ 믹서에 ❶의 망고와 바나나, 두유를 넣고 부드럽게 될 때까지 간다.

❸ ❷를 컵에 붓고 얼음 몇 조각을 띄운 뒤 망고로 장식해 낸다.

> 망고바나나라씨는 설사나 감기 중에 있는 사람은 차갑게 마시지 않는 것이 좋다. 두유와 바나나는 찬 성질이 있으므로 평소 소화가 안 되고 맑은 콧물이 나면서 재채기가 심한 사람들은 따뜻한 차를 끓여 먹는 편이 좋다. 생강, 진피, 유자, 쑥, 둥굴레 차 등이 좋다.

멜론쿨러

멜론 … 600g
두유·탄산수 … 200mL씩
셀러리 … 10g
올리고당 … 2큰술

❶ 멜론은 껍질과 씨를 제거하고 잘게 썬다.

❷ 셀러리는 잘게 다진 뒤 믹서에 넣고 ❶의 멜론과 나머지 재료를 모두 넣어 부드럽게 될 때까지 간다.

❸ ❷를 잔에 담고 민트잎으로 장식해 낸다.

멜론은 칼륨이 풍부해서 몸 안의 나트륨을 배출해내는 성질이 있으므로 고혈압 환자에 좋다. 특히 콜리플라워와 함께 갈아 녹즙으로 마시면 혈압을 낮추는 작용이 강화된다. 또, 이뇨를 도와 신장 기능에도 이롭다.

꼴찌의 반란

◆──◆ • ◆──◆

에너지너깃

밤 산책하러 나갔다가 학원가를 지나게 되었다 제 몸피의 절반만 한 묵직한 가방을 둘러맨 중학교 아이들이 줄을 서서 간식을 사 먹고 있는 게 보인다. 꽤 늦은 시간인데 아직 저녁을 못 먹은 것인지, 늦게까지 이어지는 학원 강의에 허기가 져서 밤참을 먹는 것인지, 줄 서서 돈을 내고 간식을 받아드는 아이들의 얼굴에 중년의 직장인의 것과 비슷한 피로와 그늘이 가득하다.

무얼 먹는고, 기웃거려보니 햄버거, 미니 피자와 같은 서양 패스트푸드가 주종을 이룬다. 우리 음식이라고 해봤자 종이컵에 든 떡볶이, 튀김 등인데 그나마 팬에 양념을 섞을 때 보니 새하얀 설탕과 조미료를 딱 절반씩 수북하게 쏟아붓는다. 늦은 밤, 공부에 지쳐 화학조미료가 범벅

된 그 음식들을 먹고 집에 와 쓰러져 잠들 아이들의 꿈이 포근하고 달콤할 리 없다. 소금기에 몸이 부어 어렵사리 깨어나는 아침이 기운찰 리 없다. 집으로 돌아오며 아이들 생각에 내내 안타까웠다.

대체 무엇일까, 우리의 아이들이 엄마가 손수 만들어 깨끗하고 영양가 있는 간식 대신에 조리단가만 맞춘 형편없는 간식을 사 먹을 수밖에 없는 까닭은. 아마 '빠르게' 때문일 것이다. 다른 아이들보다 앞서려면 집에 들러 엄마가 만든 간식을 챙겨 먹고 느긋하게 공부할 여유가 없다. '빠르게' 만든 음식을 먹고 '빠르게' 학원에 돌아가 '빠르게' 공부해야 한다. 그래서 '빠르게' 성적을 올리고 '빠르게' 성공해야 한다. 그렇게 어른보다 더 치열한 경쟁에 내몰린 아이들은 학교 공부가 끝나자마자 교문에서 기다리고 있던 어머니에게 학교 가방을 주고 학원 가방을 받아 들고 곧바로 학원으로 달려가야 한다. 한 학원에서 공부를 끝내고 나면 시간 맞춰 다른 학원 봉고차가 기다리고 있다.

요즘에는 아이가 이 장소, 저 장소 다른 학원에 가는 것이 방해되지 않을 정도로 얼마나 절묘하게 시간표를 짜는가로 야무진 엄마와 굼뜬 엄마를 나눈다고 한다. 앉아서 밥 먹는 시간도 아깝다고 과자 한 봉지를 집어먹으며 학원 수업을 듣는 아이들도 있다는 소리에는 우선 놀라웠고, 그다음엔 이내 서글퍼졌다. 미래의 어른이 되어 추억할 음식이 수학 문제집을 풀며 집어먹은 짜디짠 스낵 한 봉지라니, 참 팍팍한 세상이다.

몸도 마음도 한창 성장기에 있는 아이들이 패스트푸드를 많이 먹으면 제대로 크지를 못한다. 신선한 채소와 곡류를 먹지 못한 몸은 성장에 필요한 올바른 영양을 공급받지 못해 키가 커도 헛 큰 것이고 살이 쪄도 부옇게 부어오른다. 영양은 없고 칼로리만 높은 첨가물투성이의 간식들을 입에 달고 산 아이들은 항생제 맞고 영양주사 맞아서 비대해진 소처럼 몸은 커지지만, 피로를 달고 살고 걸핏하면 병원 신세를 지게 된다. 늘 졸음을 달고 살며 말과 행동이 선명하지 못해 총명하지 못한 인상이 되니, 사춘기에 제대로 형성되어야 할 자존감도 낮아지게 된다. 이래서야, 시간을 아끼기 위해 사 먹어 버릇한 음식들이 오히려 아이들의 귀중한 시간을 깎아 먹는 것과 다르지 않을 것이다.

인생에 오직 한 번뿐인 성장기를 제대로 보내지 못하면 어른이 되어 수습하느라 몇 배의 고생을 치르게 된다. 망친 건강은 병원에 가서 고쳐보려고 노력할 수야 있지만, 마음은 더욱 심각한 문제다. 성적 스트레스와 학업 과로로 여린 마음들이 이리저리 부딪쳐 상처 입는다.

학교와 학원에서 다친 마음을 집에서 가족의 격려와 응원을 받아 치유할 수 있으면 다행인데 그나마 쉽지 않다. 맛있는 음식을 먹으며 가족과 대화할 시간조차 없다. 어머니가 정성껏 싸주신 도시락을 열어보며 즐거워하고, 온 가족이 밥상에 모여 따끈한 찌개에 밥 한술 뜨며 하루 동안 있었던 일들을 이야기하며 그날의 속상한 일들도 스르르 잊히는 추억을 가질 수 없는 아이들이 안쓰럽지 않을 수 없다.

엄마의 사랑을 꼭꼭 뭉쳐줄 수 있는 에너지너깃, 바쁜 아이들을 불러 세워 밥상을 차려 줄 수 없다면, 가방에 넣어두고 다니며 허기질 때 꺼내어 먹을 건강 간식이라도 챙겨줄 일이다. 눈을 보고 대화하며 함께 나눠 먹을 수 없더라도 아이는 가족의 사랑을 전달받을 수 있을 것이다. 에너지너깃은 얼핏 보면 채소 주먹밥 또는 현미찰떡처럼 생겼다. 그래서일까. 외출 중에 꺼내어 먹으면 다들 그 주먹밥 또 있느냐며 맛 좀 보자고 한다. 한쪽 떼어주면 먹어 보고는 "어머나, 초콜릿 과자네." 하며 놀란다.

에너지너깃은 현미와 채소를 둥글게 뭉쳐 만든 생식 요리다. 하루 전에 미리 물에 불려 부드럽게 해 둔 현미와 아몬드를 코코아가루, 다크초콜릿과 함께 갈고 채소를 잘게 다져 섞어 원하는 모양으로 빚으면 요리 끝이다. 하트를 좋아하는 딸아이에게는 조그만 하트 바를 만들어 들려 주기도 하고, 외출용으로 싸갈 때는 네모난 플라스틱 용기에 꽉 차게 네모 블록 모양으로 빚기도 한다. 조리하다 남은 채소 잎이나 꼬투리 등은 모두 모아뒀다가 이 요리를 만들 때 넣으면 맛도 좋고 영양도 좋다. 채소는 사실 질기고 못나고 입에 부드럽지 않은 부분에 영양이 농축돼 있기 때문이다. 이 나머지 채소들이 에너지 너깃에서는 일등재료로 부활하게 된다. 패자부활전이요, 꼴찌의 1등 탈환이라고나 할까.

반듯한 모양으로 빚은 에너지바를 분주한 아이들의 손에 들려주자. 쌀의 씨눈이 고스란히 살아있는 현미에는 활력의 에너지를 전해주는 비타민과 미네랄이 풍부해 한 개만 먹어도 공부 스트레스로 인한 몸과 마음의 피로감을 가시게 한다. 더불어 현미 속에 잠재된 생명력은 한 명의 어엿한 인간으로 하루가 다르게 성장 중인 아이들에게 꼭 필요한 것이다.

몇 번 씹을 필요도 없이 뭉크러지는 패스트푸드와 달리, 천천히 집중해서 씹어야 넘어가는 에너지너깃이 아이들의 '빠르게' 병을 조금이나마 낫게 할 수도 있지 않을까. 자투리 채소들이 최고의 재료로 다시 태어나는 에너지너깃의 조리과정을 이야기해주며, 영원한 1등도 영원한 꼴찌도 없음을 이야기할 수 있다면, 더 큰 기쁨일 것이다.

에너지너깃

통밀과자 또는 비건 다이제스티브
… 5쪽
불린 현미 … 2큰술
불린 아몬드 … 1큰술
다크초콜릿(작은 것) … 40g
코코아가루 … 1큰술
청 파프리카·빨강 파프리카·파슬
리·적채 … 조금씩
소금 … 약간

❶ 현미와 아몬드는 하루 전에 물에 불려 두었다가
체에 밭쳐 물기를 뺀다.

❷ 채소들은 모두 잘게 다진다. 제시된 재료가 아니
더라도 조리하다가 남은 채소는 모두 다져 사용
할 수 있다.

❸ 믹서에 현미, 아몬드, 다크초콜릿, 코코아가루,
다이제스티브, 소금을 넣고 부드럽게 될 때까지
간다.

❹ ❷의 다진 채소들과 ❸을 고루 섞어 너깃 모양으
로 둥글게 빚은 뒤 접시에 담아낸다. 이때 샐러
드와 제철 과일을 곁들이면 한 끼 식사로 손색이
없다.

초콜릿은 중탕해서 녹인 다음 넣어도 된다. 통밀과자, 통밀쿠
키 또는 비건 다이제스티브를 넣으면 맛이나 질감이 케이크처
럼 느껴지는데, 완전 생식을 원한다면 빼도 무방하다.

아이 안의 천사를
보살피는 소울푸드

과일푸딩

"우리 몸에 한 천사가 살고 있다고 상상해 볼까? 우리가 준 음식은 천
사의 옷을 지을 색 고운 천이야. 우리가 숨 쉬는 공기로 천사가 호흡하
지. 우리 마음속 희로애락의 멜로디와 리듬에 따라 천사가 춤을 춘단다.
만약 우리가 화학성분을 품어 독으로 변해버린 음식을 먹으면 천사도
독 음식을 먹게 된단다. 우리가 마신 공기가 탁하고 나쁜 것이라면 우리
의 천사도 호흡이 곤란해지지. 불평과 시기로 가득 찬 마음은 천사가 춤
을 멈추고 방황하게 만들어 버린단다."

천사 이야기는 딸아이가 어릴 때 품에 안고 들려주던 자작 동화다. 아
이는 작은 입술을 오물거리며 대답했었다.

"응, 수민이 천사는 고운 옷 입고 즐거운 춤 추게 할 거야."

아빠의 쑥떡 같은 말을 콩떡처럼 알아들어 준 아이는 이제 채소가 얼

마나 맛있고 좋은지 친구들에게 들려주는, 거침없는 채식인으로 자라났다.

처음 품에 안아본 어린 생명이 천사로 보이지 않는 부모가 있을까마는, 우리 부부 또한 그랬다. 늦게 본 아이라 귀하기도 했고, 채식인 부부로서 더욱 튼튼한 아이로 키워야 한다는 책임감에 더욱 조심스럽기도 했다. "우유를 안 먹이니 애가 약하지.", "고기를 먹어야 키가 크죠."라는 말을 지겹도록 듣는 게 채식인들이다. 아이를 낳으면 관심을 가장한 간섭은 더욱 잦아진다. "어른은 제 선택이지만 아이는 무슨 죄인가. 아이만이라도 골고루 먹여라."

그러나 내 품에 날아와 내 사랑을 먹고 크게 된 신비로운 존재인 딸을 그렇게 키울 수는 없었다. 좋은 파동이 담긴 생명의 음식을 먹여 키운 아이가 마음이 바르고 몸이 건강할 거라고 확신했다. 그리고 그 판단이 옳았다. 여덟 살이 되도록 병원은 건강접종 시킬 때만 데려가 보았다. 그것도 꼭 필요한 두어 가지 외에는 맞히지 않았다. 마음도 늘 건강하다. 울거나 화내는 일이 별로 없고 시키지 않아도 엄마 아빠 하는 것을 보고 눈감고 고요히 앉아 명상한다. 동물이 그려진 책을 보면 "너희들이 잡아먹히지 않고 오래오래 살도록 도와줄게."하고 이야기한다. 함께 장을 보러 가면 싱싱한 채소를 골라올 줄도 알고 제 입맛에 맞는 채소요리 레시피를 만들어내는 꼬마 요리사이기도 하다.

과일 푸딩은 아이가 특히 좋아하는 간식이다. 동물성 재료인 젤라틴 대신 한천가루를 사용해 만든 푸딩은 맛이 깔끔하고 과일의 향기와 맛을 가리지 않는다. 유치원에 다닐 땐 다른 아이들이 시판 젤리나 푸딩을 먹을 때 아이는 싸 보낸 이 푸딩을 먹었다. 그러면 호기심 많은 아이가 하나둘 모여와 "나도 한입, 나도 줘." 한단다. 욕심이라곤 없는 아이가 제 간식을 죄다 나눠주고 집에 와 새로 만들어달라 한다. 그래도 "애들이 또 싸 오래. 내 푸딩이 파는 것보다 훨씬 맛있대." 하면서 방실거린다. 그럴 때 보면 아이 안의 천사도 웃고 있는 것만 같다.

채식 아이 유치원 보내는 이야기

"채식 유치원에 보내시지요?"라는 질문을 자주 받는데, 그렇지는 않다. 그냥 집에서 가까운 평범한 유치원에 보낸다. 유치원 선생님께 미리 부탁을 드리고, 조금만 시간을 내어 준비하면 건강 음식을 먹으며 다니게 할 수 있기 때문이다. 간식으로는 설탕이 섞이지 않은 두유와 호두, 아몬드, 땅콩, 잣 등의 견과를 미리 많이 사서 보관을 부탁드린다. 채식과자와 채식빵을 사서 들려 보내기도 하고, 야외 활동 때에는 채식김밥과 채식초밥 등을 넉넉하게 만들어 보낸다. 다른 아이들이 맛을 보려 하기 때문이다. 생일 파티 때에도 채식베이커리에서 유기농 통밀가루로 만든 케이크를 사 보낸다. 모든 음식은 양을 꽤 많이 보내는데 다른 아이들과 나눠 먹고 채식을 알게 하기 위해서이다. 딸아이의 간식 맛을 본 아이들이 제 엄마에게도 채식 간식을 사 달라고 조르는 일이 많다고 하니, 꽤 흐뭇한 뒷바라지다.

과일푸딩

얇게 썬 키위·망고·딸기 … 2큰술씩
생수·유기농 원당 … 2큰술씩
한천가루 … 1큰술
레몬즙 … 약간
(또는 생수 300g 기준 한천분말
3g, 원당 4큰술)

❶ 키위와 망고는 껍질을 벗긴 뒤 잘게 썰고, 딸기
도 같은 크기로 썬다.

❷ 믹서에 물 조금과 각각의 과일 재료 1큰술씩을
넣어 부드럽게 간다.

❸ 냄비에 ❷의 각각의 과일수스와 한천가루를 넣
어 중불로 끓여 식힌다.

❹ 용기 3개를 준비해 각각 한 종류의 다진 과일 1
큰술씩을 밑바닥에 깔고, 그 위에 ❸에서 만든
같은 종류의 과일젤리를 부은 다음 30분가량 식
힌 뒤 냉장고에서 보관하다가 필요할 때 접시나
컵에 담아낸다.

농도나 단맛은 한천가루와 원당, 조청으로 조절한다. 보통 푸
딩이나 젤리에 사용하는 응고제인 젤라틴은 동물성이므로 되
도록 해초류에서 추출한 한천을 사용한다. 한천은 변비를 완
화하고 체내의 노폐물을 배출하는 효과가 있다.

il Parties

엄마 몸을
혁명하는 시기, 임신

채소김말이

"요 작은 데서 어떻게 이런 맛이 나올까. 씨앗은 맹물로 단물을 만드는 기적이다. 고 작은 씨앗이 이토록 열심히 일하고 있는데 인간만이 쓴물을 낸다."

한 시트콤 드라마 속 김혜자 배우가 이런 문장을 읊고 있다. 방울토마토 바구니를 앞에 두고 하는 소린데, 배우 특유의 나른하고 나긋한 목소리에 실리니 대사가 시 한 편 같다. '인간만이 쓴 물을 낸다.' 맞는 이야기다. 기계 문명을 발달시켜 인간을 편하게 한다더니, 이건 뭐 잠은 더 못자고 일만 끝없이 한다. 휘황찬란한 조명 아래 잠들지 못하는 인간들이 더 많은 일을 해내느라 더 많은 스트레스를 받고, 그 스트레스를 풀러 놀이문화를 만들고 그 놀이문화 안에서 또 다른 스트레스를 받는다. 저 스스로 찾아서 하는 고행이다.

세계가 이렇게 세팅돼 있으니 한 명의 범속한 인간으로서 혁명을 꾀하거나 홀로 탈출할 수는 없고, 있는 힘껏 살아가는 일이 의도치 않게 남을 해치기도 한다. 노벨이 제 발명이 인류의 해악이 될 줄 몰랐듯, 내 성공이 밀반석으로 남의 실패가 되는 게 무한경쟁 사회의 비극이다. 그러니 우울한 날 하는 생각에, 인간은 백해무익한 존재다. 지금 내가 쓰는 컴퓨터의 전기를 내기 위해 몇 그루의 나무가 베어졌는가 말이다. 그런데 인간이 단물을 내는 때가 있다. 인류의 수많은 위대한 일들이 '단물'이겠으나 하나의 생명을 탄생시키는 일에 비할 수 있을까. 그토록 순수한 선이 있을까 싶다.

내게 있어 여성들의 임신과 출산은 늘 존경스러운 일이다. 그래서 임신 동안의 섭생에 유달리 관심이 많다. 임신 중에 먹는 음식은 그 자체가 아기의 세포를 이루는 '벽돌'이 되니 한 끼 한 끼의 재료들이 모두 바르고 단단해야 한다. 꼭 임신 중이 아니더라도, 여성이 아니더라도 대개의 사람은 부모가 된다. 내가 먹는 한 숟가락의 밥과 한 젓가락의 반찬이 아기의 피와 살을 이루는 것을 넘어 그 아이의 평생의 토대가 된다 가정해 보라. 한 번의 식사도 소홀할 수가 없다. 쌀 한 톨이 4분음표가 되고 김치 한 조각이 8분음표가 되어 '아기'라는 하나의 노래를 만드는 것이다. 어머니의 마음은 그 노래에 어린 정조가 된다. 아무리 화성적으로 완벽한 노래라도 전혀 감동을 주지 못하는 노래가 있듯, 사람도 그러할 것이다. 열 달간 아이를 품은 채 먹는 음식과 하는 생각이, 아이를 성인이 되기까지 이십 년간 기르며 몸 건강 마음 건강을 위해 들이는 노력보다 훨씬 중하다. 내가 먹는 것이 아이를 거쳐 아이의 아이까지 3대를 가는 것이다.

임신 중에는 생명력이 충만한 재료로 만든 청정한 채식을 해야 한다. 그런데 많은 이들이 임신 초기에 입덧으로 고생하며 어떤 좋은 음식도 삼키기 힘들어한다. 이때 음식의 성질과 식물의 정신세계를 공부해 잘 써먹어야 한다. 생명이 자라나려면 열이 필요한 까닭으로 어머니들은 열 달 내내 미열을 감당해야 한다. 몸에 열이 오르니 속이 울렁거리고 입맛이 돌지 않는 것이다. 뜨거운 성질은 위로 올라오는 법이니 아래로 내리기 위해서는 약간 쓴맛이 도는 음식이 딱 맞다. 날이 더워져 어지럽고 입맛을 잃는 봄, 온 땅에 쓴 봄나물이 나는 이유가 바로 여기 있다. 자연이 인간에게 때에 맞는 좋은 먹거리를 내려주니, 그에 따라 먹으면 되는 것이다. 사람과 자연은 늘 함께 간다.

임산부의 몸이 이 봄날과 같이 열에 들뜨고 울렁거리니, 밥을 눌러 만든 누룽지나 숭늉 그리고 쌉쌀한 나물무침이나 나물국이 좋겠다. 고기가 탄 것은 암을 부르나 쌀이 약간 가뭇하게 탄 것은 해열·해독 효과가 있고, 나물에는 아이의 뼈를 만들 칼슘이 많으니 더없이 이롭기 때문이다. 이 음식들은 열을 아래로 내려줘 입덧을 잠재워준다. 생채소나 다시마, 미역, 김, 파래, 톳을 적절히 먹는 것도 좋다. 해조류에는 칼슘 성분이 많고 물이 많고 시원한 채소는 열을 식혀준다. 임신 중에 생기는 우울감에 채소와 해조류가 치료 효과가 뛰어나다는 연구도 있다.

임신은 내 몸을 혁명하기에도 더없이 좋은 기회다. 이전의 자신을 씻어내고 새로운 몸을 만들 수 있는 소중한 기회다. 채소김말이는 임신 중 내 몸 혁명 기간 중 좋은 먹거리가 될 음식이다. 단출하고 앙증맞은 모양의 채소김말이, 그러나 우주의 빛이 모두 담긴 '커다란' 요리다. 우주의 백색, 푸른색과 붉은색, 그리고 황색을 띤 채소들을 검은빛의 김으로 단정히 말아냈다. 조그만 말이 안에 음양오행의 불과 나무, 흙과 쇠, 물의 기운이 모두 담겨 있어 몇 개만 먹어도 어머니와 아기의 기운을 보할 수 있는 고마운 요리다.

오이와 파프리카는 스틱 모양으로 가늘게 썰어두고 새싹채소, 양상추 잎 등과 함께 접시에 담아둔다. 여기에 으깬 콩햄에 두유마요네즈를 섞어 매쉬드로 만든 것을 더하면 더욱 고소하고 부드럽다. 김 한 장에 채소 스틱과 매쉬드를 적당히 넣고 둥글게 말아 원하는 크기로 썰어 내면 된다. 오이와 파프리카 외에 냉장고 속 남은 채소는 뭐든 응용할 수 있다.

채소김말이를 임산부들께 내놓으면 "샐러드를 김으로 말아 먹다니 신기해요."라고 한다. 말이 음식은 어떻게 먹든 대개 맛이 좋고 우선 말아 먹는 과정 자체가 참 즐겁다. 시간도 얼마 안 드니 피곤한 몸에 마련하기도 좋고 요리가 서툰 남편이 해주기도 마땅한 음식이다.

채소김말이

김 … 4장
양상추잎 … 2장
빨강 파프리카 … 1개
청 파프리카·오이 … 1/2개씩
새싹채소 … 50g

콩햄매쉬드
콩햄 … 50g
두유마요네즈 … 4큰술
다진 땅콩 … 2큰술
양파즙 … 1큰술
후춧가루 … 약간

소스
키위 … 3개
오이 … 1/4개
해바라기씨유 … 4큰술
원당 … 3큰술
식초·레몬즙 … 2큰술씩
소금 … 1작은술

❶ 새싹채소는 흐르는 물에 씻어 물기를 빼고, 파프리카와 오이는 굵게 채 썬다.

❷ 콩햄은 분쇄기로 간 뒤 두유마요네즈와 후춧가루, 다진 땅콩, 양파즙을 넣어 고루 섞어 콩햄매쉬드를 만든다.

❸ 분량의 소스 재료를 모두 믹서에 넣고 부드럽게 간다.

❹ 김을 펼치고 양상추잎을 깐 다음 새싹채소, 오이, 파프리카, 콩햄매쉬드를 적당량 올린 후 김밥처럼 둥글게 말아준다.

❺ ❹를 한입 크기로 자른 뒤 ❸의 소스를 곁들여 낸다.

> 콩으로 만든 제품이 입맛에 맞지 않은 임산부나 수유 중인 아기엄마들은 콩햄 대신 물기를 제거한 두부와 참깻가루를 사용해도 영양이 풍부하고 맛도 고소한 매쉬드를 만들 수 있다.
>
> *두유마요네즈 만들기 187쪽 참조.

급식에 부는 녹색 바람

알감자조림

"아따, 이것이 뭐다냐? 겁나게 맛있당게!" 수북이 쌓였던 알감자 샐러드의 높이가 눈에 띄게 줄어가자 뒷줄 아이들이 조바심을 낸다. 자기들 차례가 오기도 전에 다 떨어지는 것 아니냐며 "살살 좀 담아라."하고 소리를 친다. 이곳은 전라도의 한 중학교, 채식급식이 시작된 첫날 풍경이다. 오늘 점심은 쫀득한 현미잡곡밥과 얼갈이국, 알감자조림, 파래무침, 느타리버섯전, 모둠채소, 그리고 생과일이다. 좋아하는 반찬이 나오면 환호하고 새로운 재료를 보면 신기해하는 아이들의 활기 있는 분위기 때문인지, 학교 급식을 관람하면 평소보다 훨씬 더 많은 양을 먹고 온다. 채식에 대해 어른들보다도 높은 호기심과 놀라운 적응력을 보여주는 아이들의 미소만 봐도 절로 소화가 되는 듯하다. "오메, 채식도 먹을 게 많아 부러요." 알감자처럼 구수한 전라도 사투리가 순가락 부딪치는 소리와 함께 교실 안에 울려 퍼진다.

전라도는 채식급식의 모범이 되는 고장이다. 여러 곳의 학교들이 일주일에 다섯 차례의 급식 중 한번은 채식을 시행하고 있다. 미래형 혁신학교인 곳이 많지만 그렇다고 해도 채식급식을 시도하는 일은 쉽지 않았다. 그러나 학부모와 선생님들의 비만과 아토피 등에 시달리는 아이들을 더 이상 두고 볼 수 없다는 마음이 하나가 됐다. 채식 준비 모임에 모인 어머니들은 "채식의 장점은 알면서도 집에서는 아이들이 잘 먹으려 하지 않기 때문에 시도하기 어렵다."라고 어려움을 호소했다. 학생 5명 중 1명이 크고 작은 질환에 시달리는 시점에서, 육식에 길든 아이들 입맛을 바로잡기 위해서는 학교의 역할이 절대적이라는 것에 선생님들도 동의했다.

관건은 채소만으로 아이들의 입맛과 성장에 필요한 필수 영양, 두 마리 토끼를 잡아야 한다는 것이었다. 채식에 대한 지식이 없었던 학부모들은 "채식만으로 단백질 필수 양을 채울 수 있느냐."며 우려하기도 했다. 급식관계자와 학부모님들을 모시고 몇 차례의 채식 교육을 시행하는 과정에서 이런 우려는 불식됐다. 콩과 견과류로 단백질을 보충하는 반찬, 다시마와 채소를 우려내 멸치나 고기 육수를 대신하는 채소국물 등을 보여주고 시중에 나와 있는 콩고기와 밀고기를 이용해 요리를 만들어 시식도 했다. 영양학에서 탈피해 음양오행의 원리에 맞춰 식단을 짜는 방법도 가르쳐 드렸다. 그랬더니 이제는 채식급식이 자리잡아 학

알감자조림

알감자 ··· 20개
빨강·노랑 파프리카 ··· 1/2개씩
양파·적채 ··· 30g씩

양념
간장 ··· 2큰술
유자청·조청 ··· 1큰술씩
채식중화소스 ··· 1작은술
후춧가루·참기름 ··· 약간씩

❶ 알감자는 소금을 조금 넣고 10~15분 정도 삶는다.

❷ 파프리카, 양파, 적채는 잘게 다진다.

❸ 팬에 기름을 두르고 ❷의 다진 채소를 넣어 볶다가 ❶의 삶아놓은 알감자와 분량의 양념을 넣고 살짝 볶은 뒤 참기름으로 마무리한다.

부모님들이 먼저 채식 레시피를 개발해 보낼 정도라고 한다. 처음엔 고기나 햄이 없어 밥을 남기던 아이들도 이제는 집에서도 가능한 한 채소를 많이 먹으려 노력한다고 한다. 밥에 든 콩도 모조리 골라내던 아이들도 이제는 콩밥, 보리밥, 흑미밥 등이 번갈아 나오는 것을 즐거워한다고 한다.

채식급식 예시

월요일	현미밥 느타리두부된장국 채소떡볶이 취나물 배추김치 파래무침 김구이 생과일
화요일	콩통밀칼국수 두부조림 감자볶음 돗나물미나리무침 배추김치 모듬채소 생과일
수요일	현미밥 콩나물국 오이무침 연근튀김 배추김치 모듬채소 생과일
목요일	현미밥 버섯전골 풋고추전 깻잎생절임 배추김치 모듬채소 김구이 생과일
금요일	현미밥 콩비지찌개 양송이피망볶음 양배추쌈 연근조림 배추김치 모듬채소 생과일

채식으로 몸도 마음도
건강하게 자라는 아이들

채식급식 도입 시 학부모들이 가장 많이 했던 질문은 "채소만으로 단백질이 부족하지 않나요?"라는 것이었다. 채식을 처음 시작하는 사람들도 가지는 의문이기에, 채식급식 설명회에서 했던 답변을 그대로 옮겨 전한다.

"채식해도 충분히 단백질을 보충할 수 있습니다. 일반적으로 단백질 하면 닭가슴살, 달걀을 떠올리지만, 채소에서도 단백질을 충분히 섭취할 수 있답니다. 오히려 육류 과다 섭취로 몸이 산성화되면 각종 성인병에 노출되고 콜레스테롤 때문에 고혈압, 동맥경화 등을 일으킬 수 있고요. 채식을 통해 이러한 위험을 줄이고, 항산화 성분까지 섭취하여 건강을 유지할 수 있습니다. 채식인은 식물성 식품인 현미, 콩, 채소, 과일을 통해 단백질을 섭취하게 됩니다. 콩을 통해서도 단백질을 충분히 보충할 수 있으니 걱정하지 않으셔도 되고요. 세포가 죽어도 단백질의 상당 부분이 재사용되므로 적은 보충량으로 유지가 됩니다. 또한 면역력도 강해져 신체 건강지수도 높아집니다. 스포츠 선수 중에도 채식주의자가 꽤 있다는 사실이 이를 증명하지요."

채소 식단, 이렇게 시작하라

- 채소국물을 마련해 두면 반찬과 국에 두루 쓸 수 있어 요리 걱정을 덜 수 있다. 채소국물 만들기 레
  시피를 숙지하라.
- 밀가루는 가능하면 통밀가루를 사용하고, 전분이나 찹쌀가루를 섞어 쓰자.
- 다이어트를 위한 채식이라 해도 영양의 균형을 고려해서 식단을 짜자.
- 샐러드 접시를 따로 마련하면 채소를 많이 먹게 된다.
- 아이들 채식의 경우, 고기 없는 날에 대한 글짓기, 포스터, 그림그리기 등 행사가 도움이 된다.
- 수업 시간을 이용하여 지구의 기후변화 또는 채식 관련 토론을 하는 것도 좋다.
- 유명 채식인들의 사진과 채식에 관한 영상, 노래 등을 보여주고 들려주면 채식 적응이 빨라진다.
- 예쁜 그릇을 사용하며 숙채류, 생채류, 누룽지, 식혜, 죽류, 차류, 과일류 등 다양한 반찬과 후식을
  제공한다.
- 나이가 어릴수록 채식을 잘 받아들인다. 초등학교부터 채식급식을 시작해야 할 이유다.

즐거운 채식 생활 가이드

❶ 다른 사람이 만들어 주는 음식으로 채식을 하기에는 한계가 있습니다. 재료를 직접 구매하고, 요리도 스스로 직접 만들어서 채식 식단을 적극적으로 꾸미는 것이 가장 바람직합니다.

❷ 내게 가장 잘 맞는 채식 요리책을 보기 편한 곳에 두고 기본 요리 여러 개를 숙지해 둡니다.

❸ 개방형 채식인이 됩시다. 자신이 채식을 좋아하고 실천하고 있다는 사실을 주위 사람들에게 이야기합니다. 개방형 채식인이 은둔형 채식인보다 자신도 스트레스를 덜 받고, 남들도 그러한 사실을 이해하고 배려할 수 있다고 합니다.

❹ 채식은 자신의 건강뿐 아니라, 다른 생명에 대한 이해와 배려, 사랑의 마음이 있어야 오래, 그리고 확실하게 실천할 수 있습니다. 외국에서 채식이 확산할 수 있었던 것도, 실용주의적 채식보다는 채식이 가지고 있는 생명과 환경, 명상 등을 강조하는 이데올로기적 채식이 바탕이 되었기 때문입니다.

❺ 도시락을 적극적으로 활용합니다. 외식하면 메뉴 선택에 한계가 있습니다. 조금 귀찮다 하더라도, 직접 도시락을 싸서 식사하는 것이 가장 손쉽고 효과적으로 채식을 실천하는 방법입니다. 외식할 때, 채식 식사를 할 수 있는 두세 군데 단골식당을 정해놓고 이용하면 편합니다.

❻ 화려한 메뉴보다는 단순한 메뉴로 채식을 합니다. 외식의 경우 채식인들이 이용할 수 있는 식단은 비빔밥, 돌솥비빔밥, 콩나물덮밥, 야채김밥 등을 고기와 달걀 등의 동물성 식품을 빼고 주문하여 먹게 됩니다. 하지만, 우리나라는 눈에 보이지 않는 멸치 가루나 쇠고기 가루 등을 국과 반찬에 넣는 일이 많으니, 단순한 메뉴를 먹는 게 안전한 방법입니다.

❼ 도시락을 싸서 다니는 것이 불편하다면, 과일이나 통밀빵에 견과류를 싸서 가거나, 선식을 두유나 물에 걸쭉하게 풀어서 간단히 마시는 것도 좋은 대안입니다.

❽ 채식 관련 동호회나 활동에 적극적으로 참여합니다. 채식은 혼자서 실천하기보다는 다른 사람들의 의견이나 정보는 얻는 것이 좋습니다. 이를 통해 자신의 의지와 모습을 되돌아보면서 많은 것을 배우게 된답니다. 채식도 과학적인 채식이 되어야 하며, 항상 배우고 실천하는 채식이 더욱 바람직합니다.

열두 달 채소 식단

국 & 찌개

1월
우엉 · 연근 · 당근 · 시금치 · 세발나물 · 양배추 · 매생이 · 파래 · 키위 · 사과 · 배 · 귤 · 한라봉 등을 이용한 조리
순두부맑은국 · 시금치순두부탕 · 얼큰채개장 · 비건설렁탕 · 매추못국 · 채식찜뽕 · 감자된장찌개 · 김치청국장 · 표고기둥우거지국 · 건과미역국 · 버섯매생이국 · 곤약유부탕 · 시금치된장국 · 감자얼큰국 · 배추토장국 · 목이버섯된장찌개 · 우엉연근들깨탕 · 양배추짜장 · 김치만둣국 · 버섯떡국

2월
쑥갓 · 시금치 · 보리순 · 취나물 · 냉이 · 달래 · 유채나물 · 봄동 · 세발나물 · 양배추 · 우엉 · 다시마 · 파래 · 톳 · 귤 · 한라봉 · 천혜향 등을 이용한 조리
연두부시금치국 · 얼큰감자두부찌개 · 봄동된장국 · 콩나물김칫국 · 감자애호박찌개 · 무맑은국 · 순두부찌개 · 비건두유곰탕 · 감자수제비국 · 모듬버섯들깨탕 · 보리순된장국 · 콩나물두부찌개 · 시래기된장국 · 냉이콩가루된장탕 · 표고다시마맑은국 · 유부김치찌개

3월
봄동 · 미나리 · 달래 · 냉이 · 씀바귀 · 쑥 · 취나물 · 돌나물 · 마늘대 · 미역 · 톳 · 딸기 · 한라봉 · 금귤 등을 이용한 조리
얼큰한뭇국 · 맑은배추된장국 · 표고시래기감자탕 · 맑은감자국 · 고추장짱떡 · 청포묵강황전 · 고사리들깨탕 · 달래된장찌개 · 감자캐슈넛미역국 · 시금치된장국 · 쑥된장국 · 토란대애운국 · 톳콩나물맑은국 · 냉이버섯된장국 · 조랭이떡미역국

4월
양상추 · 껍질콩 · 머위잎 · 취나물 · 쑥 · 상추 · 두릅 · 마늘쫑 · 딸기 · 토마토 등을 이용한 조리
감자토마토탕 · 배춧국 · 얼갈이된장국 · 들깨무채국 · 아몬드미역국 · 감자수제비 · 버섯모듬전골 · 아욱된장국 · 김치콩나물국 · 순두부부추맑은탕 · 생고사리고추장찌개 · 얼큰콩나물국 · 미역된장국 · 파래순두부찌개

5월
양배추 · 마늘 · 완두 · 취 · 도라지 · 상추 · 파 · 고구마순 · 죽순 · 더덕 · 마늘쫑 · 참외 · 토마토 등을 이용한 조리
무채콩나물국 · 두부김치찌개 · 대파뭇국 · 감자옹심이맑은국 · 김치만둣국 · 들깨버섯미역국 · 청경채국 · 배추콩나물사리전골 · 참나물유부국 · 미소연두부된장국 · 두부전골 · 감자옹심 · 표고&고사리감자탕

6월
셀러리 · 껍질콩 · 오이 · 호박 · 양파 · 근대 · 부추 · 감자 · 토마토 · 참외 · 매실 등을 이용한 조리
단호박찌개 · 연두부부추탕 · 무들깨국 · 풋호박된장국 · 감자부침은국 · 미역수제비 · 동치미국수 · 두부김치찌개 · 새송이미역국 · 토마토버섯탕 · 두부완자탕 · 오이미역냉국 · 조랭이미역국 · 근대들깨된장국 · 콩나물냉국 · 감자수제비 · 머윗대버섯들깨탕 · 김치만둣국 · 김치국물냉면

7월
부추 · 양상추 · 가지 · 피망 · 애호박 · 노각 · 열무 · 꽈리고추 · 풋고추 · 깻잎 · 수박 · 참외 · 자두 등을 이용한 조리
실곤약무순냉국 · 배추콩국 · 버섯된장찌개 · 조랭이떡들깨미역국 · 순두부녹두국 · 냉콩국 · 표고감자고추장찌개 · 묵은지콩불뚝배기 · 미역오이냉국 · 가지냉국 · 빅노각냉국 · 아욱된장국 · 피망토마토스파게티 · 부추순두부탕 · 호박잎감자된장찌개 · 가지꽈리고추볶음 · 숙주고수볶음 · 토마토순두부냉면 · 과일냉면&비빔면 · 채식메밀국수

8월
오이 · 풋고추 · 옥수수 · 양배추 · 감자 · 깻잎 · 고구마순 · 열무 · 멜론 · 포도 · 수박 등을 이용한 조리
검은콩두부깨냉국 · 맑은버섯국 · 감자미역국 · 배춧국 · 오이냉국 · 우무냉국수 · 콩계탕 · 유부맑은장국 · 근대된장국 · 콩불뚝배기 · 두부전골 · 얼갈이들깨된장국 · 수제비김치탕 · 버섯들깨탕 · 얼큰숙주국 · 순두부찌개 · 다시마냉국 · 양배추토마토스파게티 · 냉메밀국수 · 단호박스파게티 · 단호박짜장 · 청포묵냉채 · 목이버섯오이냉채 · 과일냉면

9월
표고 · 느타리 · 풋콩 · 토란 · 당근 · 고추 · 감자 · 팥 · 무 · 배 · 사과 · 포도 등을 이용한 조리
다시마감자국 · 김치청국장 · 맑은버섯장국 · 시금치된장국 · 채식추어탕 · 김치콩비지찌개 · 고추장된장찌개 · 순두부감잣국 · 김치콩나물국 · 곤약버섯전골 · 토란들깨탕 · 팥칼국수 · 두부완자버섯전골 · 시래기들깨된장국 · 미역된장찌개 · 토란미역국 · 표고김치감자탕 · 풋콩카레국 · 표고다시마청국장 · 느타리순두부탕

10월
송이버섯 · 느타리 · 양송이 · 고들빼기 · 고추 · 팥 · 무 · 사과 · 감 · 배 · 밤 · 대추 등을 이용한 조리
느타리된장찌개 · 연두부된장호박국 · 배추무된장국 · 김치수제비전골 · 느타리매생이국 · 애호박감장국 · 양송이순두부탕 · 맑은무다시마국 · 채식국수 · 모듬버섯떡국 · 콩비지찌개 · 아욱토장국 · 감자맑은국 · 우거지청국장찌개 · 감자버섯카레탕 · 된장칼국수 · 유부된장국 · 유부양송이볶음 · 산초배추된장국 · 토란탕

11월
브로콜리 · 배추 · 연근 · 당근 · 우엉 · 파 · 늙은호박 · 무 · 고구마 · 사과 · 배 · 귤 · 키위 등을 이용한 조리
김버섯국 · 무대파맑은국 · 얼갈이된장국 · 콩나물미나리맑은탕 · 배추우동 · 우엉버섯들깨탕 · 녹두단호박스프 · 브로콜리토마토스프 · 순두부찌개 · 과일비타민스프 · 무채얼큰탕 · 두부매생이국 · 매콤늙은호박찌개 · 시래기된장찌개 · 강된장국밥 · 두유담면설렁탕 · 팥칼국수 · 얼큰도토리묵탕 · 당귀구기자보혈탕 · 토마토양배추탕

12월
콜리플라워 · 산마 · 고구마 · 브로콜리 · 양배추 · 사과 · 배 · 귤 · 키위 등을 이용한 조리
두부버섯장국 · 마들깨미역국 · 버섯모듬됨전골 · 콜리플라워맑은들깨탕 · 미파두부버섯 · 조랭이미역국 · 배추뭇국 · 버섯매생이국 · 매운시래기감잣탕 · 배추두부완자탕 · 고사리육개장 · 맑은순두부탕 · 들깨수제비 · 김치콩나물국 · 김치감자청국장 · 매운버섯찌개 · 얼갈이된장국 · 신김치콩나물국 · 시래기산초탕 · 헝가리굴라쉬

324

반찬

1월
곤약초회 · 감자시래기찜 · 매운콩나물표고볶음 · 숙주무침 · 시금치겉절이 · 고구마오렌지조림 · 무파래무침 · 우엉감자조림 · 피망두부전 · 두부레네끼 · 가죽채볶음 · 매운콩나물찜 · 두부구이 · 버섯들깨무칩 · 깁장보쌈 · 양배추오븐구이 · 양배추피자 · 무말랭이무침 · 곤약감자조림 · 대파전 · 양배추두부말이찜 · 연근전 · 청경채무침 · 세발나물무침 · 두부김치 · 미역된장무침 · 호두땅콩조림 · 브로콜리초회 · 김장아찌 · 말린나물(애호박 가지 고사리 토란대 고춧잎 무)

2월
버섯매생이전 · 마늘장조림 · 건표고콩나물찜 · 시금치나물 · 연근삼색튀김 · 실곤약초무침 · 무생채무침 · 미역줄기볶음 · 쑥갓두부무침 · 봄동겉절이 · 시래기무조림 · 호박나물 · 다시마초무침 · 근대나물 · 콩나물쪽파무침 · 청포묵무침 · 유채나물무침 · 냉이된장무침 · 씀바귀초회 · 버섯파래전 · 달래양념장 · 감자찜 · 톳두부무침 · 표고조림 · 표고깐풍기 · 묵은김치찜 · 두부장아찌 · 냉이밥구이 · 방풍나물무침 · 은행구이꼬치 · 나물비빔밥 · 건조도토리묵무침 · 콩나물겨자냉채

3월
오이볶음 · 봄동된장무침 · 도라지생채 · 돌나물초고추장무침 · 두릅계버무리 · 유채나물무침 · 머위들깨볶음 · 콩나물미나리초무침 · 참나물무침 · 씀바귀나물 · 숙주미나리무침 · 연근냉채 · 곰피초무침 · 달래간장조림 · 모듬봄나물냉채 · 두릅잣무침 · 두릅전 · 머위된장무침 · 김치전 · 돌나물물김치 · 돌나물초무침 · 보리싹생즙 · 달래양념장&두부구이 · 머윗잎무침 · 원추리초무침

4월
더덕버섯볶음 · 무파래무침 · 연근튀김 · 취나물들기름볶음 · 검은깨두부찜 · 우엉냉이잡채 · 토마토김치버섯부침 · 참취나물무침 · 참나물사과냉채 · 죽순냉채 · 죽순구이&죽엄 · 다래순무침 · 채소두부찜&들깨소스 · 완두콩샐러드 · 고수겉절이 · 진달래화전 · 콩나물냉채 · 민들레겉절이 · 미나리곤약초무침 · 생고사리고추장찌개 · 고사리녹두전 · 가죽나물김치 · 가죽나물전 · 조랭이떡볶이 · 콩나물겨자냉채

5월
당근부각 · 된장시금치무침 · 녹두빈대떡 · 표고버섯피망구이 · 쌈채소&미역쌈 · 죽순간장조림 · 고구마순나물 · 오이양파초고추장무침 · 더덕장구이 · 무나물들깨볶음 · 도라지흑미전 · 부추연두부찜&간장양념장 · 고사리나물 · 다래순나물 · 죽순오이초무침 · 견과호두조림 · 가죽나물김치 · 가죽나물전 · 도라지된장구이 · 도라지유자무침 · 야채스틱&된장두유마요소스

6월
두부버섯조림 · 표고버섯양념구이 · 죽순채볶음 · 청포묵김무침 · 더덕부추겉절이 · 호두조림 · 두부버섯완전 · 껍질콩볶음 · 꽈리고추찜 · 근대나물들깨무침 · 부추장떡 · 호박버섯구이 · 시금치들깨무침 · 비름나물초무침 · 보리밥샐러드 · 양배추말이 · 조피장떡 · 죽순장아찌 · 총각김치 · 상추오이겉절이 · 가지구이 · 가지냉국 · 토마토오이카프레제 · 단호박찜 · 매실장아찌매콤무침

7월
박나물 · 열무된장나물 · 수삼냉채 · 노각무침 · 비름나물 · 도라지튀김 · 참초나물 · 상추전 · 수박껍질무침 · 가지찜콩가루무침 · 연근브로콜리전 · 근대나물무침 · 곰취나물 · 버섯탕수육 · 양상추샐러드 · 청포묵무침 · 양파오이무침 · 상추쑥갓겉절이 · 양배추물김치 · 호박잎볶음 · 호박잎깻잎찜&쌈장 · 콩잎무침 · 열무김치 · 머윗대장아찌 · 고추무침 · 알감자조림 · 부추전 · 부추겉절이 · 오이깻잎새콤달콤무침

8월
가지두부마파볶음 · 도라지무침 · 청각된장무침 · 시래기나물 · 마구이 · 죽순나물 · 애호박볶음 · 모듬버섯은행볶음 · 싸리버섯초회 · 참마전 · 시래기들깨무침 · 도토리묵무침 · 오이미역무침 · 깻잎오이겉절이 · 오이피클 · 꽈리고추찜 · 감자양파전 · 고구마순조림 · 옥수수전 · 고추튀김 · 감자옥수수찜 · 버섯팔보채 · 노각무침 · 토마토두부볶음 · 오이숙주볶음

9월
브로콜리양배추볶음 · 말린토란대나물볶음 · 들깨마샐러드 · 부추건파래무침 · 감자마늘쫑무침 · 버섯잡채 · 팽이버섯튀김 · 열무된장볶음 · 쑥갓무침 · 깨순무침 · 새송이건고추볶음 · 견과모듬조림 · 새송이샐러드 · 더덕구이 · 깍두기 · 무파래무침 · 모듬버섯초회 · 마구이 · 검은콩전 · 밤유자조림 · 버섯매콤전 · 모듬버섯전 · 도토리묵무침 · 도토리빈대떡 · 풋콩현미샐러드 · 밤맛탕

10월
단호박곤약조림 · 두부넣은깻잎찜 · 석이버섯무침 · 고구마줄기조림 · 감자피망전 · 감자풋고추볶음 · 느타리피망볶음 · 무전&배추전 · 산초장아찌 · 더덕잣냉채 · 버섯한천묵 · 도토리묵 · 모듬콩조림 · 옥수수전 · 양상추들깨샐러드 · 우엉들깨전 · 야콘냉채 · 야콘장아찌 · 애호박나물 · 건나물모듬반찬 · 당근우엉아콘김밥 · 아콘깍두기 · 두부짜장볶음 · 건나물쫑빵조림

11월
청경채두반장볶음 · 무들기름볶음 · 연근새콤달콤냉채 · 연근간장조림 · 연근마요샐러드 · 토란대나물무침 · 감자양파채볶음 · 우엉들깨무침 · 고추부각 · 연근튀김 · 무말랭이무침 · 무생채 · 표고무조림 · 표고매콤조림 · 청포묵쪽파무침 · 통마늘은행구이 · 말린고춧잎나물 · 늙은호박전 · 우엉유부간장조림 · 고구마갓탕

12월
버섯&야채&마찜 · 브로콜리연근전 · 무들깨구루묵볶음 · 두부김치완자전 · 마구이&죽엄 · 깃김치 · 도라지무침 · 도라지들깨무침 · 우엉잡채 · 우엉연근조림 · 브로콜리샐러드 · 양배추두부말이찜 · 콜리플라워오븐구이 · 양배추&적채오븐구이 · 미역볶음 · 무파래무침 · 김장아찌 · 고구마귤조림 · 고구마조랭이떡볶이 · 김치전 · 김부각

부록

이도경의 소울푸드 &
한국 채식 약선 아카데미

❶ 채식요리 강의

· 콩고기&밀고기 조리반

· 채식 약선반

· 채식 일품요리반

· 전문가반(뷔페 스타일, 도시락, 카페, 분식 스타일)

· 1:1 맞춤 요리

❷ 소울푸드 참부모 자격반(1년 과정)

"가정주치의 교육+대장금 식의요법+음양오행과 심리학"의 통합 교육

결혼을 앞둔 이, 건강업계 종사자, 교육자, 부모들의 기본소양 교육

· 교양반, 심화반

❸ 채식 컨설팅

· 채식 출장뷔페 및 도시락

· 채식 관련 특강(태교 육아와 음식, 건강과 음식, 인간경영과 음식, 성범죄와 음식, 학교폭력과
  음식, 운명과 음식과의 관계성 등)

· 채식식당 창업&채식 메뉴 개발

· 채식태교, 육아, 식단, 식이요법 상담 및 코칭

문 의 : 이도경
전 화 : 010-5527-3587
이메일 : backgng1@naver.com